入門 画像工学

博士（工学） 大関和夫 著

コロナ社

まえがき

　画像のディジタル処理は，画像データをコンピュータに取り込むことができるようになってから始まり，当初は，高価なインタフェース装置と大形コンピュータを使用して実験が行われていた。半導体技術の急速な進歩により，1990年代にはコンピュータがパーソナルコンピュータ（パソコン，PC）になり画像入力装置とともに安価となり，多くの人がディジタル画像などのメディア処理を行えるようになった。2000年代になると，コンピュータ上の処理とインターネットのコンテンツに画像の占める割合が増加した。画像は情報量が多いため，処理が多くなり複雑化する。また，インターネットのトラフィックも動画の割合が増加し続けており，画像の基礎知識と処理技術の習得が重要となっている。本書は，そのような画像メディアのディジタル処理を行うために必要な基礎知識を得る入門書となることを目的としている。多くの項目から汎用的で利用度の高いものを最大公約数的に選択し，必要事項を漏れなく取り上げるように努力した。また，PC画像処理，インターネット，ディジタル放送，DVDなどで使用される最新の技術を追加することにより，実際の研究開発に役立てるようにした。また，項目だけでなく，増加しつつある規格などの数値的なデータをなるべく多く記載し，資料として参照する際にも役立つようにした。

　構成は，画像の入力，処理，出力の順に並べるのを基本とした。すべての説明がこの順番で都合よく進むわけではないが，全体構成をわかりやすく分類することに主眼を置き，画像処理の流れに対応する順序を採用した。

　学ぶための書籍としては，基本定理や公式などの基礎事項は永続的に役立つものである。フーリエ変換による信号処理論，フィルタリング，エントロピー計測・符号化などに必要な情報理論などがこれに相当する。これらは応用分野が変化しても普遍的な価値をもち続けるものである。一方，応用分野で進展する技術開発に関する知識は，その時代において重要なもので，具体的な画像入力装置や圧縮・蓄積・伝送装置，表示・印刷装置などの画像機器全般に関するもので，膨大な分野にわたるものである。逆に変化の激しいコンピュータオペレーティングシステムに依存した画像処理プログラミングなどは，短期的なものもあり，必要度に応じて別途補充していく必要がある。

　本書の項目は，コンピュータグラフィックス（CG）クリエーター検定，エンジニア検定，Webデザイナー検定，画像処理エンジニア検定，マルチメディア検定などに必要な事項も多く取り上げてある。本書を学ぶことにより，画像系の検定試験の基礎力を養い，エキス

パート（2級）またはベーシック（3級）の資格を取得することを勧める。

　本書は，おもに筆者の大学における画像処理の基本事項の講義「ディジタルメディア処理」の教科書として使用するために書いたものである。情報工学科においては29のコア科目からなる「J97」というガイドラインがあるが，本書はこの学科教育を完遂するために開発され，J97準拠の一翼を担うものである。また，その後の発展的に拡大したJ07においては，コンピュータ科学領域，コンピュータエンジニアリング領域，インフォメーションテクノロジー領域などにおけるディジタル信号処理，マルチメディア，可視化などのより広い分野に拡張している。これは昨今，大学の授業においては，JABEEなどに代表されるようにカリキュラムを標準化し整備する要請が増えているが，そのために基礎事項を広く網羅したテキストを用意し，的確に技術分野を履修していけるようになることを目指している。

　IT社会の原動力となったムーアの法則が飽和しはじめ，半導体が無限に資源を供給するという社会全体が膨らむような産業の発展は期待できなくなっている。今後は，地道な努力を積み上げながら巧妙な工夫を見いだしていくことが重要となってくると考えられる。マルチタスク処理や並列化による高速化や画像を多面的に分類し，構造を解析していくことで高能率化を図るなど，学問の本来の役割が高まると考えられる。

　本書を学ぶことにより，画像のディジタル処理の基礎事項を理解し，上記画像系の各種資格を取得するとともに，さらに，画像認識技術や3次元解析・CG技術，立体映像，超高解像・高画質映像処理，画像圧縮，ディスプレイ，印刷技術，映像流通と著作権などの専門性の高い技術に関心をもち，それらを学び，研究する段階へ至ってほしい。

　なお，本書の内容を補足するため，Webでの情報提供を行っている。カラーの図表やアニメーションによる説明資料，画像処理の手順を考え，自分で画像を入力して処理を試すための実行プログラムを用意し，理解を深められるようになっている。Webからの情報を加え，また高度な演習課題にも取り組むことにより，ぜひ十分に理解を深めていただきたい。

Webでの情報提供のURL
http://www.coronasha.co.jp/static/00816/index4c.html

　最後に，本書を出版するにあたり，コロナ社の関係各位に厚くお礼申し上げる。
2010年9月

大関和夫

目　　次

序　章

演　習　問　題 ·· 2

1. アナログ画像の世界

1.1　光のダイナミックレンジと視覚 ·· 3
　1.1.1　光　と　は ·· 3
　1.1.2　カ　メ　ラ ·· 6
　1.1.3　視　　　覚 ·· 6
　1.1.4　明るさの弁別閾 ·· 8
　1.1.5　視野と視力 ·· 9
　1.1.6　周波数特性 ··· 10
　1.1.7　動体視力 ·· 10
　1.1.8　錯　　　視 ··· 11
1.2　光　　　源 ·· 11
1.3　色　彩　科　学 ·· 13
　1.3.1　色の心理的表示と心理物理的表示 ·· 13
　1.3.2　色と色覚 ·· 14
　1.3.3　色　変　換 ··· 16
演　習　問　題 ··· 17

2. ディジタル画像の入力

2.1　光　電　変　換 ·· 18
　2.1.1　撮　像　管 ··· 18
　2.1.2　全固体撮像素子 ·· 19
2.2　NTSCテレビ信号と入力インタフェース ··· 22
　2.2.1　NTSCテレビ信号形式 ·· 22
　2.2.2　インターレース，ノンインターレース表示 ·· 23
　2.2.3　Y, Cの分離 ·· 24
　2.2.4　ディジタル化のサンプル周波数 ·· 26

2.2.5　入力インタフェース……………………………………………26
2.3　情報理論・信号処理の基礎……………………………………………30
　　　2.3.1　情報量とエントロピー…………………………………………31
　　　2.3.2　フーリエ変換とスペクトル……………………………………34
　　　2.3.3　畳 み 込 み………………………………………………………38
　　　2.3.4　自己相関関数………………………………………………………40
　　　2.3.5　標本化定理，解像度，階調……………………………………41
2.4　静止画像のフォーマット………………………………………………45
　　　2.4.1　ポータブルピクセルマップ形式………………………………45
　　　2.4.2　ビットマップ形式………………………………………………46
　　　2.4.3　ピ ン グ 形 式………………………………………………………47
演 習 問 題……………………………………………………………………50

3. 画像の解析・認識技術

3.1　画像認識技術について…………………………………………………52
3.2　画像解析の前処理………………………………………………………53
　　　3.2.1　雑 音 の 除 去………………………………………………………53
　　　3.2.2　ディジタルフィルタ……………………………………………56
　　　3.2.3　2 値 化 処 理………………………………………………………57
3.3　画 像 の 解 析……………………………………………………………61
　　　3.3.1　エ ッ ジ 抽 出………………………………………………………61
　　　3.3.2　差分形オペレータ…………………………………………………61
　　　3.3.3　離散フーリエ変換によるエッジ抽出…………………………63
　　　3.3.4　連結性，オイラー数………………………………………………64
　　　3.3.5　領域分割とクラスタリング……………………………………67
　　　3.3.6　主成分分析法………………………………………………………69
　　　3.3.7　ハ　フ　変　換……………………………………………………70
　　　3.3.8　テクスチャ解析……………………………………………………73
　　　3.3.9　ベイズの公式………………………………………………………75
3.4　変 換 と 投 影……………………………………………………………77
　　　3.4.1　アフィン変換と同次変換…………………………………………77
　　　3.4.2　平行投影と透視投影………………………………………………80
演 習 問 題……………………………………………………………………81

4. 画像の情報処理

4.1　通信・蓄積・放送の処理………………………………………………82

4.2 画像の圧縮方式 ……………………………………………………………… 82
　4.2.1 ファクシミリ信号の圧縮 ……………………………………………… 84
　4.2.2 MH および MR 符号化方式 …………………………………………… 85
　4.2.3 MMR 符号化方式 ……………………………………………………… 89
　4.2.4 JBIG 方式 ……………………………………………………………… 89
　4.2.5 デルタ変調，DPCM 符号化方式 ……………………………………… 93
　4.2.6 アダマール変換符号化方式 …………………………………………… 95
　4.2.7 コサイン変換符号化方式 ……………………………………………… 98
　4.2.8 KL 変換符号化方式 …………………………………………………… 102
　4.2.9 レート歪み理論 ………………………………………………………… 104
　4.2.10 JPEG 方式 …………………………………………………………… 105
　4.2.11 JPEG2000 方式 ……………………………………………………… 108
　4.2.12 H.261 方式 …………………………………………………………… 110
　4.2.13 MPEG 方式 …………………………………………………………… 115
　4.2.14 H.264 方式（MPEG-4 Part10 AVC）……………………………… 120
4.3 テレビ放送 …………………………………………………………………… 123
4.4 テレビ会議システム ………………………………………………………… 125
4.5 ファイル転送プロトコル …………………………………………………… 127
4.6 ストリーミング ……………………………………………………………… 127
4.7 画像データベース …………………………………………………………… 129
4.8 映像のテープ記録 …………………………………………………………… 129
4.9 CD，DVD …………………………………………………………………… 132
演習問題 ……………………………………………………………………………… 136

5. 表示・印刷技術

5.1 ディスプレイ技術 …………………………………………………………… 137
　5.1.1 CRT ディスプレイ …………………………………………………… 137
　5.1.2 液晶ディスプレイ ……………………………………………………… 138
　5.1.3 プラズマディスプレイパネル ………………………………………… 138
　5.1.4 EL ディスプレイ ……………………………………………………… 139
5.2 インターレース，ノンインターレース表示 ……………………………… 139
5.3 印刷技術 YMC，網点，ディザ ……………………………………………… 140
　5.3.1 面積階調表現 …………………………………………………………… 141
　5.3.2 網点 ……………………………………………………………………… 141
　5.3.3 ディザ処理 ……………………………………………………………… 142
5.4 画像品質評価 ………………………………………………………………… 144
　5.4.1 画質の評価 ……………………………………………………………… 144

5.4.2　客観評価……………………………………………………144
　　　5.4.3　主観評価……………………………………………………146
　演習問題………………………………………………………………148

6. メディアの著作権とセキュリティ

6.1　ディジタルメディアの著作権……………………………………149
　　　6.1.1　著作物保護期間……………………………………………150
　　　6.1.2　プライバシーの権利と個人情報の保護…………………150
　　　6.1.3　有害情報と流通……………………………………………150
　　　6.1.4　著作物を自由に使える場合………………………………151
6.2　電子透かし方式……………………………………………………152
　　　画像の電子透かし技術の例………………………………………154
6.3　画像情報倫理………………………………………………………157
　演習問題………………………………………………………………157

あとがき……………………………………………………………………158
引用・参考文献……………………………………………………………160
索　　引……………………………………………………………………163

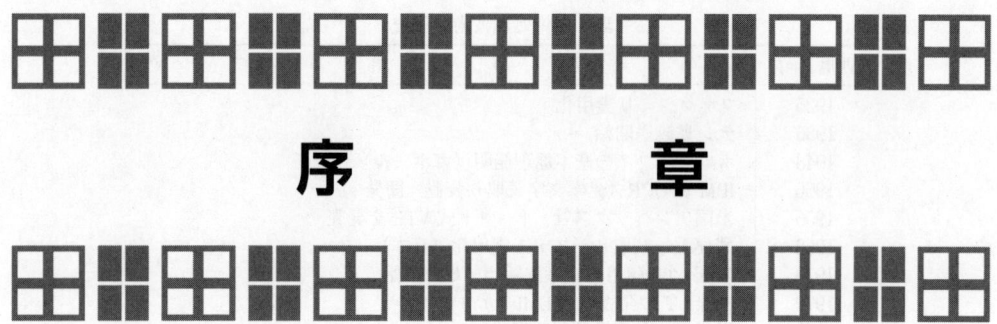

序　章

　画像情報のディジタル処理は，コンピュータで画像処理を行うことによって急速に発達してきた。アナログ状態の画像情報をコンピュータ内に取り込む入力処理は，カメラ，スキャナなどによってなされる。ディジタル信号となった画像情報に対して，解析や特徴抽出，認識，圧縮，伝送，蓄積などの処理を行うことができる。画像情報は，モニタや印刷装置を介してアナログ信号として表示し，画像として視覚により認識される。

　表に画像処理に関する技術の発明や商品として実用化した時期が明確なものを取り上げ，その歴史を示す。

　技術のアイディアが考え出された後，実用化し，さらに普及するまでには長い年月を要していることが多い。例えば，テレビ電話は1956年米国ATTのBell研究所で試作され，1970年には商用サービスが行われている。その後，1988年にはISDN（integrated services digital network）基本インタフェースのサービスが世界的に開始され，ISDNテレビ会議システム実用化が進展した。さらに，2000年にはカメラ付き携帯テレビ電話が発売され普及が進んだ。2003年には，1社で1000万台にもなっているといわれる。

　表を概観すると，テレビ電話の基本構想から，試作品の開発，製品の発売，小形化，高性能化の改良がなされ，量産されて普及するまでには50年もの年月が経過していることがわかる。この間，膨大な研究開発がなされ，また，製品化は時期により異なる会社が行ってきていることも知られている。さらに，製品が普及した後においても，携帯テレビ電話は主として音声会話中心に使用されており，テレビ電話として顔の映像を送るような使用方法がまだ定着しているわけではない。このような経緯を考えると，テレビ電話という製品はまだ完成された段階に至っているとはいえない状態にあり，技術だけではない別の課題が混在し，未解決のまま残されているといえる。

　また，別の例として，画像圧縮方式JPEG，H. 261，MPEGで使用されている**離散コサイン変換**（discrete cosine transform：**DCT**）は1974年に論文発表された後，1977年にW. H. Chenらによって，画像の高能率圧縮の一方式として発表された。この時点では，分散による分類を行う適応符号化方式が取り入れられたが，その後，分散によらず，固定的な線形量

2　序　　　章

表　画像処理技術の歴史

西暦〔年〕	事　　　項
1925	ファクシミリ実用化
1936	テレビ放送開始
1948	ホログラフィの基本原理発明（ガボール）
1966	IBM が OCR（光学文字読取り装置）開発
1956	米国アンペックス社，4 ヘッド式 VTR を発売
1968	郵便番号読取りシステム実用化（日本）
1970	米国 ATT 商用テレビ電話サービス開始
1972	X 線 CT の発表（英 EMI 社）
1973	電卓用液晶表示装置実用化（シャープ）
1974	離散コサイン変換（DCT）の発明（N.Ahmed）
1976	テレテキスト（文字多重放送）英国で開始
1979	松下電器産業（現パナソニック），白黒 CCD カメラ商品化
1982	CD プレーヤー発売（SONY CDP-101）
1986	アナログ電子カメラ発売（キヤノン RC-701）
	インターネット（NSFnet）普及開始（民間研究機関や大学）
1988	ISDN 基本インタフェース，テレビ会議システムのサービス開始
1989	ディジタルスチルカメラ発売（フジフイルム DS-X）
	ハイビジョン実験放送開始（MUSE 方式，BS-2，1 時間／日）
	クリアビジョン放送開始（3 次元 YC 分離，ゴースト除去基準信号の挿入）
1990	ハッブル宇宙望遠鏡打上げ
	CCITT（現 ITU-T）国際標準動画像符号化方式 H.261 勧告
1992	MPEG-1 勧告，JPEG 勧告，プラズマテレビ発売
1993	MPEG-2 Video 勧告
1994	DirecTV（米国）ディジタル衛星放送開始
1995	DVD 規格統一
1998	ディジタル地上波放送開始（米国，英国）
2000	J-Phone 携帯テレビ電話（写メール）発売
2003	H.264 方式（MPEG-4 Part10 AVC）勧告
2005	YouTube 開設
2008	光ディスクの新規格がブルーレイ（Blu-ray）に統一化

子化を行った後，可変長符号化を行う適応符号化方式の効率がよくなることがわかり，それをベースに 1990 年代に静止画像用の国際標準化符号化方式 JPEG，動画像符号化の国際標準化符号化方式 H.261，MPEG-2 などの規格の主要部に採用されるようになった。さらにその後，規格を実用化する LSI の開発がなされ，現在に至っている。性能評価とコスト計算が容易で，技術課題が明確で，開発可能なものは，急速に実用化が進み普及する。

演　習　問　題

（1）　表のような製品で，本文の説明と異なる例を取り上げ，その技術研究の開始時期，学会発表時期，製品化時期，普及時期，小形改良化時期などの変遷を調べ，その全時間長と研究・開発の様子を調べよ。

1. アナログ画像の世界

　画像は実世界を2次元のフレーム（窓枠）に切り出し，色や明るさなどで表現したものであり，その窓枠の中身は本来連続的に広がったアナログの実世界である。アナログ画像とは，画像信号を感光物や磁性体などの媒体（メディア）に光や磁気・電圧の強さの大小などで連続的に記録したもので，フィルム式の写真，アナログテレビ信号，フィルム映画などがある。現在，アナログ画像の多くはディジタル画像に移行している。時間的にも振幅的にも離散値にすることがディジタル化であり，**アナログ-ディジタル変換**（analog to digital conversion：ADC，**A-D変換**）と呼ぶ。アナログである実世界の光の性質を知り，色彩の科学的解明をすることが画像処理全体の基礎事項となる。また，アナログは，ディジタルに比べ，解像度が悪くぼやけたもので，雑音も多いと見なされているが，最も高性能なものは，解像度が高く，信号の大小の幅であるダイナミックレンジが大きいものもある。本章では光の性質とそれをとらえる目の機能，色彩の性質について述べる。

1.1　光のダイナミックレンジと視覚

1.1.1　光　と　は

　光とは，電磁波の一部で肉眼に感じられる波長が約380〜780**ナノメートル**（nano-meter：**nm**，$1\,\mathrm{nm}=10^{-9}\,\mathrm{m}$）のものであり，これを可視光と呼ぶ。電磁波の種類を**表1.1**に示す。可視光線の周波数の範囲において，肉眼の感度は，中間の緑色の付近が最も高く，両端の赤と紫の感度は低い。人間の目は**図1.1**のように光の波長によって異なる感度が，さらに明るさによっても異なっている。図1.1を比視感度曲線という。明所視とは明るいところで働く目の特性のことであり，暗所視とは逆に暗いところで働く目の特性のことである。明所視の場合，555 nm が最大の感度を示す。暗所視の場合 505 nm が最大の感度を示す。比視感度とは，感度を最大値で正規化したものである。

　光は，電磁波の一部であるため，放射エネルギー（単位：ジュール）を有する。**光度**は1点からある方向への光を出す能力で定義されている。1カンデラ（candela）は昔，白金の融点 1 769 ℃ にある黒体 $1\,\mathrm{cm}^2$ がその面に垂直な方向に放つ光の 1/60 として定義された。1979年，第16回国際度量衡総会で，周波数 $540\times1\,012\,\mathrm{Hz}$（550 nm）の出力電力1ワット

4 　　1. アナログ画像の世界

表 1.1　電磁波の種類

名　称	周 波 数	波　　　長	
長　波	10 kHz～100 kHz	3 km～30 km	VLF, LF
中　波	100 kHz～1.5 MHz	200 m～3 km	HF
中短波	1.5 MHz～6 MHz	50 m～200 m	
短　波	6 MHz～30 MHz	10 m～50 m	
超短波	30 MHz～300 MHz	1 m～10 m	VHF
マイクロ波など	300 MHz～300 GHz	1 mm～1 m	UHF, SHF, EHF
極超短波	0.3 GHz～3 GHz		
マイクロ波	3 GHz～30 GHz		
ミリ波	30 GHz～300 GHz		
赤外線	300 GHz～384 THz	780 nm～1 mm	
可視光	370 THz～790 THz	380 nm～780 nm	
紫外光	90 THz～30 petaHz	10 nm～380 nm	
X　線		1 pico m～10 nm	

赤：660 nm
橙：592 nm
黄：575 nm
緑：515 nm
青：475 nm
藍：440 nm
紫：400 nm（菫(すみれ)）

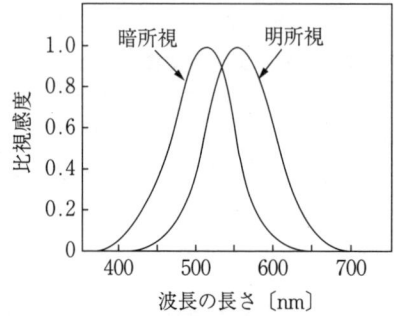

比視感度は，国際照明委員会（Commission Internationale de l'Eclairage：CIE）で定められた。

図 1.1　比視感度曲線

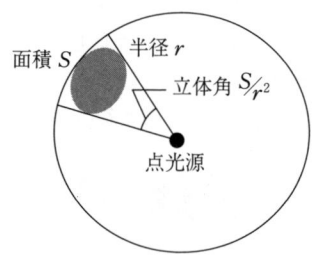

図 1.2　点光源と立体角 S/r^2 の関係

（W）の単色光を放射し，与えられた方向 1 立体角当りにある光を 683 で割ったものを 1 **カンデラ**（candela：**cd**）と定義した。ここで，**立体角**とは半径 r の球面上に**図 1.2** のような三角錐(すい)状の部分を考えるとき，中心にある点光源から，近似面積 S の球面に向かう空間内の角度で，S/r^2（**ステラジアン**：steradian，**sr**）で定義される。立体角の値は中心から半径 1 の球面上の面積 S へ向かう錐(すい)における S に一致し，球面全体は 4π ステラジアンになる。光源の**輝度**は光源の単位面積当りの光度のことをいう。**光束**は，光源から単位立体角に放射される光の量で，単位は**ルーメン**（**lm**）で，1 lm＝1 cdsr となる。1 カンデラの光源の全光束は，4π〔lm〕となる。

　照度は，光が物体を照らした面の明るさで，単位は **lx**（**ルクス**）で単位面積当りの光束で，1 lx＝1 lm/m^2 と表される。

　日常世界の光の明るさは，深夜（星と月が出ていないとき）から真夏の晴天の日中まで大

天文・気象の状態	照度〔lx〕	EV	シャッタ速度*〔s〕
晴れた日	10^5	15.3	1/1 250
曇りの日	10^4	12	1/125
雨の日	10^3	8.7	1/12.5
日没	10^2	5.3	1/1.25
	10^1	2	8
満月	1	−1.3	80
三日月	10^{-1}	−4.7	800
星夜	10^{-2}	−8	8 000
	10^{-3}	−11.3	80 000

＊：ISO100のフィルムでF5.6に固定した場合

図 1.3 天文・気象の状態と照度

きく変動する[1]†。**図 1.3** に天文・気象の状態と照度を示す。

月の出ていない星空は 10^{-3} lx という照度で，真夏の太陽は，そこから比べ 10^8～10^9 にもなる。高さ 40 cm の 15 W の蛍光灯電気スタンドの直下から 40 cm 離れた机上の明るさは 300 lx で適切な照度といわれていた。光の強さは，光をエネルギーとして単位面積当り，角度当り，単位時間当りについて測定する場合，光量〔lm·s〕といい，光束の時間積分である。測定した照度の変動する幅の全体をダイナミックレンジという。人間の目には瞳孔があり，その収縮により明るさに対する調節を行うが，後述するように，その調節幅は狭い。

画像として目が見るものの多くは，物体に光が反射した光を見ることになる。通常の物体の反射率は限界があり，黒のビロードで 3 %，白の雪で 93 % 程度であり[1]，金属の銀は波長により 87～95 % で平均 93 % 程度になる。実世界をカメラで撮像するときの明暗のコントラストは，ある時点で照明を一定と仮定することにより数十～数百程度に限定していることが多い。一方，屋外の逆光撮影では太陽光の直射や日陰があるので，コントラストは 1 000 倍（10 bit）程度あるといわれている。物体の反射特性には，どの方向にも均一に反射する拡散反射係数と，磨いた金属などのように表面の法線方向に強く反射する鏡面反射係数とがある。EV 値は照度と露光時間から求まり，実際には式 (1.1) で与えられ，絞り（F 値）が 1.0，シャッタスピード＝1 s，ISO＝100 のときに $EV=0$ と定義する。露出量が 2 倍になるごとに 1 増加，ISO が 2 倍になるごとに 1 減少する。フィルム感度は ISO 規格で表示される。

$$EV = \log_2 F^2 - \log_2 T - \log_2\left(\frac{\text{ISO}}{100}\right) \tag{1.1}$$

---

† 肩付きの数字は巻末の引用・参考文献番号を示す。

1.1.2 カ　メ　ラ

図1.4に一眼レフカメラの内部構造を示す。一眼レフカメラは，撮影する画面と同じ光路を屈折させ，ファインダから確認したうえで撮影するためのものである。撮影前は，可動ミラーと5角形プリズムにより，ファインダからレンズを通して見た画像を見る。撮影時は，可動ミラーを45°ほど上にあげてシャッタが開き，受光面に光が届く。一眼レフカメラは，ズームレンズにより画角が変化したときや，レンズを交換して特性が大きく変化した場合に，ファインダで見た画像と実際に撮影される画像が一致する効果がある。

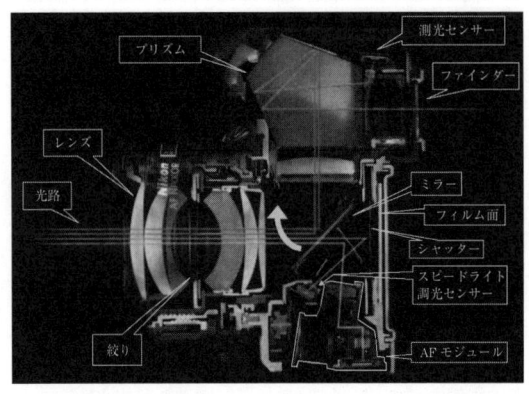

図1.4　一眼レフカメラの内部構造
（ニコンF6）

1.1.3 視　　　覚

人間の目は**図1.5**のような構造をしている。（光軸と視軸は5°ずれている。）最外部の角膜は0.5～0.7 mmの厚みがある無血管透明組織で，凹メニスカスレンズに近く，ピント調節機能はないが，固定のレンズ機能がある。**水晶体**（crystalline lens）は両凸レンズで，前面のほうが曲率半径が大きいが，空気と角膜の屈折率の差が大きく，焦点距離は，顔の外側の方向には約 −15 mm，内側が約 +20 mmである。焦点距離を短くするためには，前面の曲率半径を短くして行う[2]。

網膜（retina）上には，左右にそれぞれ約650万個の**錐体**（cone）と約1億3 000万個の**杆体**（rod）という視細胞があるが，それにつながっている視神経繊維は100～120万本しかない。**図1.6**に網膜の構造と視細胞を示す。光は網膜にある視細胞に到達した後，網膜の裏側ではなく，網膜の前面を光路を妨害しながら通って束となり，盲点を通って脳側へ入って行く。この盲点部分には視神経がないので，像は写らない。

錐体は**中心部**（center）に高密度に2～2.5 μm間隔で密集し，高精細で，**色**（color）を検出し，指向性を有し，30～100 Hzのフリッカに融合できる。杆体は，周辺部特に15～20°の部分に多く，色は検出できないが，0.1 lx以下を感じる暗所視が可能で，明るさの識別力は，錐体より400～500倍も大きい。指向性はなく，フリッカは20 Hz以下で融合できる。

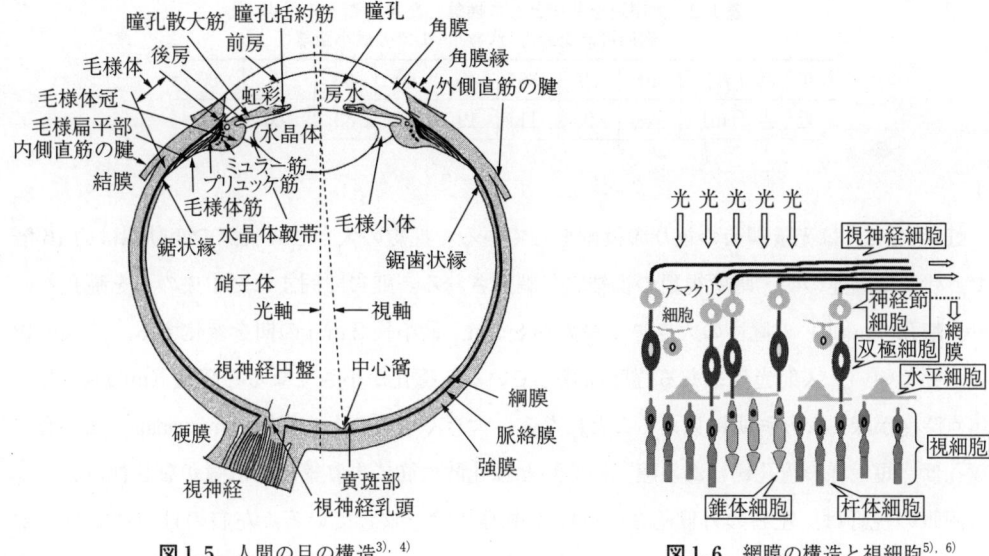

図 1.5 人間の目の構造[3), 4)] **図 1.6** 網膜の構造と視細胞[5), 6)]

サル，ヒトは錐体と杆体の両方をもつが，他の動物は片方しかないことが多く，ハトは錐体のみ，ネコは大部分が杆体である。**図 1.7** に網膜上の錐体と杆体の分布を示す。中心部分では，この視細胞 1 個に対し 1 本の視神経があるが，周辺部にいくにつれ多数の視細胞に対し 1 本の視神経が接続されている。

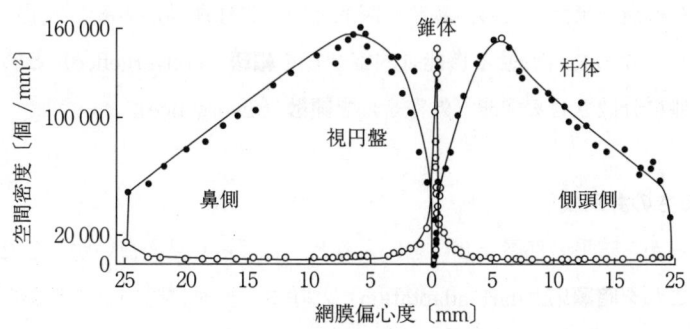

図 1.7 網膜上の錐体と杆体の分布[5), 7)]

遠いところを見るとき，毛様体のなかの毛様筋が弛緩し，毛様小帯が緊張し，水晶体は薄くなり，焦点距離が長くなる。近いところを見るとき，毛様体のなかの毛様筋が緊張し，毛様小帯が弛緩し，水晶体は，自らの弾力で厚くなり，焦点距離が短くなる。毛様筋の緊張が続きすぎると，遠方を見ても焦点距離が短くなったままになることがある。また，毛様筋が老化すると焦点距離が長くなったままになる。目の調節時間は，遠方から近方へは約 1 秒，近方から遠方へは約 0.6 秒程度である。目の調節力は年齢とともに衰える。**表 1.2** に，無限遠を基準として換算した年齢ごとの近点（調節可能な最も近い点）までの最小距離を示

表 1.2 無限遠を基準として換算した年齢ごとの近点
（調節可能な最も近い点）までの最小距離[2]

年　齢〔歳〕	10	20	30	40	50	60	70	80
近　点〔cm〕	7	9	11	19	45	83	100	100

す．

虹彩（iris）は光量調節の絞りの役割をしている．虹彩の大きさの実際の変動幅は約 16 倍で，残りは後述の明・暗所視用の視細胞で調節される．虹彩で囲まれた中央の孔を瞳孔という．**瞳孔**（pupil）の直径の大きさは最大約 8 mm，最小約 2 mm の間を変化する．これを瞳孔運動といい，入射光量をある程度加減している．瞳孔が小さくなると**縮瞳**（miosis）し，焦点深度が深くなり鮮明に見えることになる．大きくなることを**散瞳**（mydriasis）という．瞳孔は，短毛様の瞳孔側にある瞳孔括約筋と瞳孔散大筋により縮瞳・散瞳がなされる．

両眼の視野は，左右の外側約 30°を除く中心部で一致している．左右の目の像が少しずつ不一致になることを**視差**（parallax）という．左右眼の画像情報を統合して処理することより，遠近感や立体視を得る能力を両眼視機能という．**両眼視機能**（binocular function）には，**融像**（fusion），**立体視**（stereopsis），**抑制**（suppression）などがある．融像とは，左右の像を一つに統合し，物体を認知する機能である．立体視は左右の像のわずかな違いを融像して，立体感を得ることで，抑制とは，逆に左右像の違いから融像しないようにする機能である．両眼視機能を果たすため，輻輳・開散という眼球運動がある．両眼の視線を注視点に対して内側に向かって合わせる機能（内寄せ）を**輻輳**（convergence）といい，輻輳していた視線を外側に分散させる機能（外寄せ）を**開散**（divergence）という．

1.1.4 明るさの弁別閾

明るいところから暗黒の部屋などに急に入ると，しばらく見えないが，しだいに感度が向上してくる．これを**暗順応**（dark adaptation）と呼ぶ．反対に暗いところから明るいところに出るときの反応を**明順応**（light adaptation）という．明順応は 0.05 秒で完了する神経的な α 順応と，その後の 1 秒程度の光化学的な β 順応がある．暗順応は**図 1.8** に示すように，5～9 分でほぼ飽和する錐体の反応と，30～45 分でほぼ飽和する杆体による遅い反応がある．暗順応の変化部分を**コールラウシュ**（Kohlrausch）**の屈曲点**という．明所視と暗所視の感度の最大値の比は 400～500 倍であるが，文献 8）によると 2.64 桁の差があるというデータがあり，この値は $10^{2.64} \cong 440$ 倍に相当する．図 1.8 より明度への適応力は総合して約 5 桁で，また瞳孔の調節力は 1.2 桁程度である．

視覚に入射する光の物理量 L に対し，視覚で感じる明るさの心理量 R には，従来から，**ウェーバー–フィヒナーの法則**（Weber-Fechner's law）〔式 (1.2)〕がある．明るさの範囲

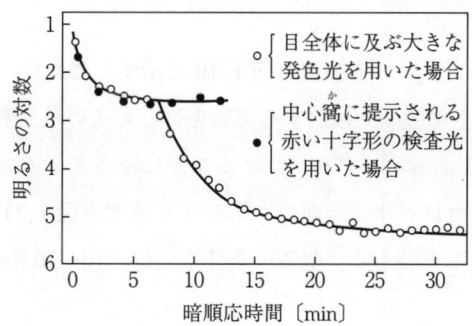

図1.8 暗順応[5), 9)]

が日常の狭い範囲での輝度 L に対し，明度差が識別できる最小輝度 dL の比 dL/L は一定（$dL/L=C$）で，実測値は 0.02 程度である。これが心理量の変化 dR に比例するので，$dR=KdL/L$ となり，積分して

$$R=K\log L+C \quad (K, C \text{は定数}) \tag{1.2}$$

を得る。

1.1.5 視野と視力

正常眼の**視野**（visual field）は外方に 100°，内方に 60°，上方に 60°，下方に 70° 前後である。**視力**（visual acuity）は，視覚の能力のうち，解像度に関する識別力で，図1.9 のような**ランドルド環**（Landold ring）と呼ばれる輪のすきまの識別力により調べる。視角度 1′（分）のすきまを識別できる視力を 1.0 とし，2′ までしかないなら 0.5 と視角度に反比例する。すなわち，視力 = 1/視角度（分）である。

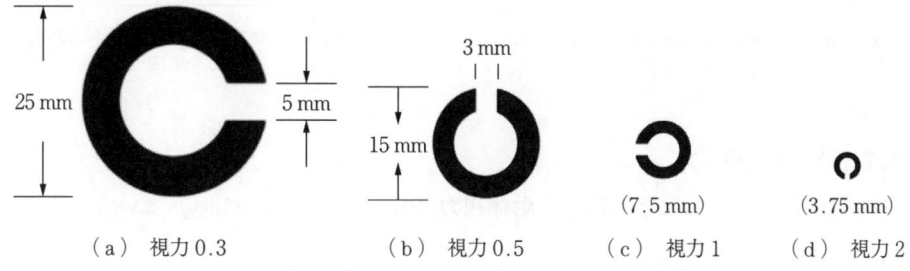

図1.9 ランドルド環（約 5 m から見る場合，計算上は約 5.156 6 m である）

年齢に伴う目の調節力の変化を表1.2 に示した。調節力は，調節をしないときの遠点までの距離 f と，最も近くに結像できる近点までの距離 n を用い，$1/n-1/f$（単位はジオプトリ）で定義されているが，表1.2 では，$f=\infty$〔m〕と仮定して計算してある。

幅 1.5 mm のランドルド環を 5 156.6 mm の距離から見る場合，次式となる。

$$\text{視角度（分）} = \frac{\arctan(1.5/5\,156.6)}{2\pi} \times 360 \times 60 = 1.000\,004 \tag{1.3}$$

1.1.6 周波数特性

空間周波数（静止画）に対するコントラスト感度を**図 1.10**に示す。これは，正弦波で輝度が変化する縞状模様のコントラストの強弱を検出する実験を行って求める。明るいところでは5サイクル/deg 付近にピークがあるバンドパスフィルタ形になっている。暗いところではローパス形になる。輝度フリッカに対する時間コントラスト感度を**図 1.11**に示す。輝度の変動するフリッカ信号を提示して実験する。明るい条件下では，10～20 Hz にピークのあるバンドパス特性である。

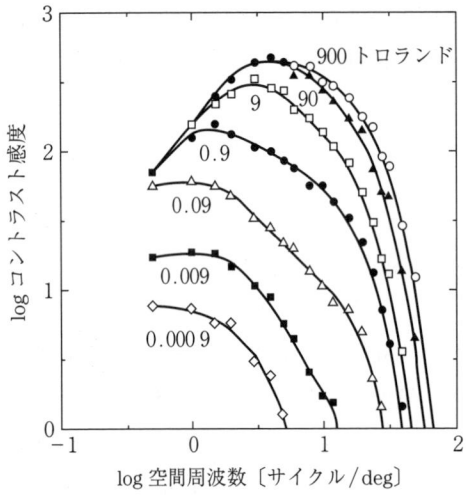

トロランド（troland）は輝度〔cd/m^2〕と瞳孔面積〔mm^2〕の積で，網膜上の照度を表す。

図 1.10 空間周波数（静止画）に対するコントラスト感度[10), 11)]

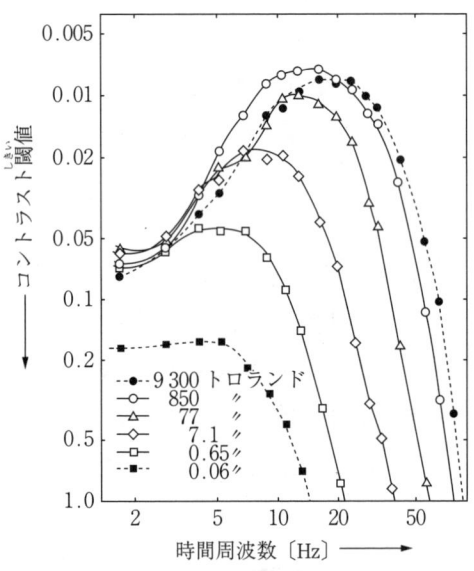

図 1.11 輝度フリッカに対する時間コントラスト感度[10), 12)]

1.1.7 動体視力

物体や目が動いているときの視力を**動体視力**（dynamic visual acuity）という。物体と目

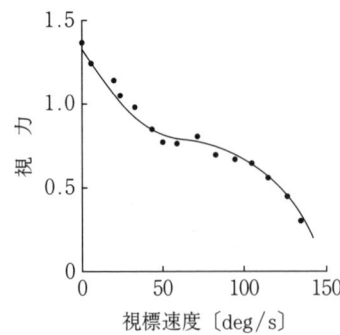

図 1.12 物体と目の相対速度と視力の関係[13), 14)]

の相対速度と視力の関係を**図1.12**に示す。

1.1.8 錯　　　視

人間の目は優れた画像情報の検出器であるが，種々の理由により，実際の信号とは異なる情報を認知するという**錯視**（illusion）を起こすことが知られている。実際の図形の長さが異なって見えるのを幾何学的錯視と呼ぶ。また，もともとない線や形状が見えるものは，主観的な処理が加えられたためであるので，主観的な輪郭線と呼ぶ。

錯視の図形例を**図1.13**に示す。

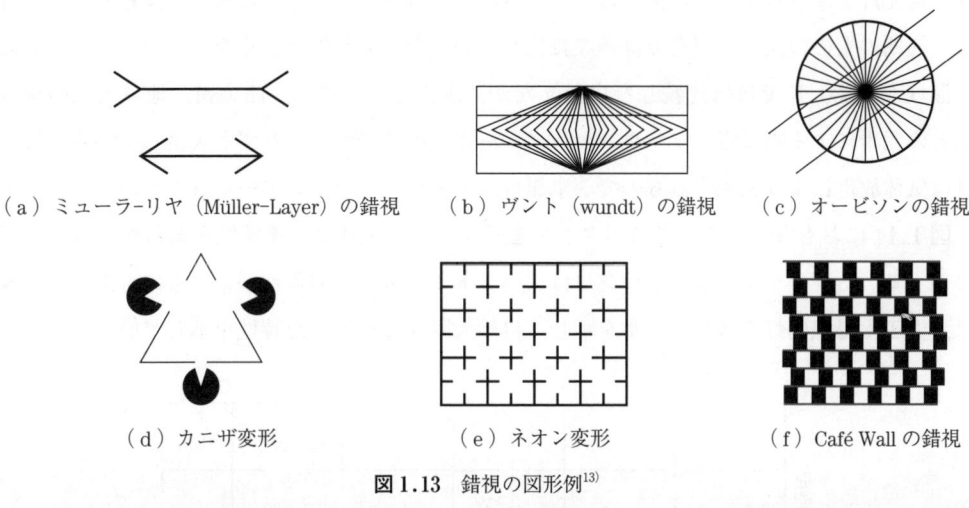

（a）ミューラ-リヤ（Müller-Layer）の錯視　　（b）ヴント（wundt）の錯視　　（c）オービソンの錯視

（d）カニザ変形　　（e）ネオン変形　　（f）Café Wall の錯視

図1.13　錯視の図形例[13)]

1.2　光　　　源

画像信号を取得するために物体に照射する光源としては，自然太陽光，白熱電球，放電灯，レーザなどがあり，また赤外線や宇宙からの電波なども画像信号源となる。物体への反射により，正しい色が見えるためには，光源が多数の周波数の光線で構成される白色光である必要がある。例えば，黄色と青色という補色関係にある2色を混合すれば白色となるが，これを緑色の物体に照らせば，黒色に見え，正しい色を表さない。これを**演色性**が悪いという。光源の性質を表現するために，**色温度**を用いるときがある。色温度は，温度 T の黒体からの電磁波放射で色合いを表現するもので，式（1.4）で定義される波長 λ で極大となり，広い帯域に広がった連続スペクトルを有する光源を意味する。

$$\lambda = \frac{2.90 \times 10^{-3}}{T} \; [\mathrm{m}] \tag{1.4}$$

各光源の特性を**表1.3**に示す。効率では，高圧ナトリウムランプ，メタルハライドラン

表1.3 各光源の特性[15]

光　源	効率〔lm/W〕	演色性	寿命〔h〕	おもな用途
白熱電球	10～15	優	1 000	住宅，店舗
ハロゲン電球	20	優	2 000	
水銀ランプ	35～60	悪い	12 000	屋外照明
メタルハライドランプ	70～120	良い	6 000～9 000	スポーツ
高圧ナトリウムランプ	90～130	ない	12 000	道路照明，スポーツ
蛍光灯（普通形）	50～90	中	3 000～12 000	住宅，オフィス
蛍光灯（3波長形）	50～100	優	2 000～12 000	住宅，店舗，ホテル
蛍光灯（高演色形）	40～90	優	2 000～12 000	色合わせ，美術品

プ，蛍光灯が優れるが，演色性では，白熱電球，ハロゲンランプ，蛍光灯が優れる。蛍光灯は，初期のものに比べ，現在では多波長化しているため演色性はよくなっている。太陽光は色温度が6 000°Kでほぼ連続した白色光だが，水素，ヘリウム，諸金属，地球大気の酸素などの元素による吸収線（フラウンホーファー線）の部分がごくわずか欠落している。放電灯は気体放電により発光するもので，水銀灯，蛍光灯，キセノンアーク灯などがある。

図1.14におもな光源の分光スペクトルを示す。白熱電球は，連続性があるが，長い波長に偏っている。メタルハライドランプはスペクトルが多く，演色性がよいものもある。点線は，人工太陽照明灯のスペクトルを示し，自然太陽光に近似した特性を示している。

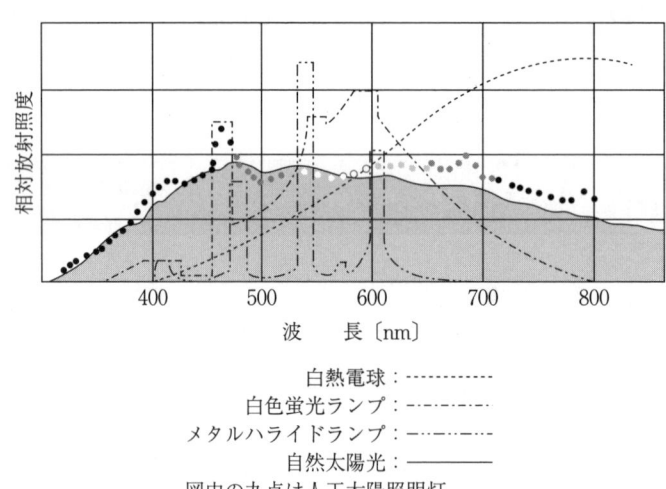

白熱電球：..........
白色蛍光ランプ：−・・−・・−
メタルハライドランプ：−・−・−
自然太陽光：―――――
図中の丸点は人工太陽照明灯

図1.14 おもな光源の分光スペクトル〔提供：セリック（株）〕

写真撮影用の光源としては，**表1.4**に示すようなものがある。蛍光灯では，商用交流でフリッカが発生するので，高速シャッタや動物体に対しては，高周波点灯（インバータ式）するほうがよい。

表1.4　写真撮影用の光源

光源		色温度〔°K〕	備考
白熱電球	ハロゲン照明 タングステン照明	2 600～3 000	やや黄味が出るが，ホワイトバランスで調整可能
ストロボ照明（キセノン放電管）		6 000～7 000	ガラス面のコーティングにより，色温度を5 500°Kに調整可能
蛍光ランプ	3波長	4 200ほか	厳密性に欠ける
	高演色	5 000ほか	美術品，印刷に使用
	写真用	5 900	光量を増強したもの
HIM（hydrargyrum medium length arc iodide additives lump）		5 700	HIMはドイツのオスラム社の商品名で，太陽光に近い分光特性を有する

1.3　色彩科学

光は電磁波の一種だが，その周波数の種類や組合せにより各種の色が見える。自然光をプリズムでスペクトル分解すると，**図1.15**のように7色に分類できるといわれている。可視光の波長は，図の左から右へ向かって810 nmから380 nmに対応する。

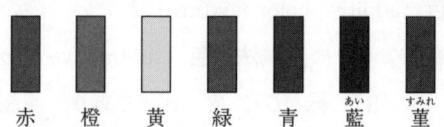

図1.15　自然光の分類

赤　橙　黄　緑　青　藍　菫

1.3.1　色の心理的表示と心理物理的表示

色刺激を主観的な見え方や単一の色であるかのような名前を付けて定義したものを**知覚色**または**心理的表示**と呼び，色票などのサンプルとの照合で色の識別を行う。一方，視覚的に異なる色を物理的なデータ値によって定義付けられた色を**心理物理的表示**といい，3刺激値または明度，周波数（色相），彩度などで規定する[8),16)]。心理物理的表示は，3刺激値で表すことで混色された色に直接対応付けられる。**明度**，**色相**，**彩度**を色の3属性という。

知覚色は本来，赤とか青といって色を表すやり方で，代表例にマンセル表色系がある。これは米国の画家A. H. Munsellが1905年に考案し，以後修正されてきたものである。色相は基本が10色あり，それをさらに10等分し，100色にもなっている。色見本の色票が用意され，1971年にJIS Z 8721にも規格化された。

心理物理色としては，数値的に規定したRGB表色系，XYZ表色系などがあるが，知覚色のマンセル系の色差を基準に数値データ化を図ったLuv，Lab色空間などに始まり，それを改良し，**国際照明委員会**（Commission Internationale de l'Eclairage：**CIE**）で定められた，

La*b*均等色空間（1976）などがある。La*b*では式 (1.5) による座標変換を行う。

$$
\begin{aligned}
L^* &= 116\left(\frac{Y}{Y_0}\right)^{1/3} - 16 \\
a^* &= 500\left\{\left(\frac{X}{X_0}\right)^{1/3} - \left(\frac{Y}{Y_0}\right)^{1/3}\right\} \\
b^* &= 200\left\{\left(\frac{Y}{Y_0}\right)^{1/3} - \left(\frac{Z}{Z_0}\right)^{1/3}\right\}
\end{aligned}
\quad (1.5)
$$

ここで

$$
\begin{aligned}
X &= 2.768\,9R + 1.751\,7G + 1.130\,2B \\
Y &= 1.000\,0R + 4.590\,7G + 0.060\,1B \\
Z &= 0.056\,5G + 5.594\,3B
\end{aligned}
\quad (1.6)
$$

で，X，Y，Z は物体面の3刺激値，X_0，Y_0，Z_0 は完全拡散の白色反射面の3値である。

1.3.2 色 と 色 覚

複数の色を混合し，別の色を生成することを**混色**という（**図 1.16**）。光の混色により光量が増加し，明るくなるため，**加法混色**（additive color mixture）といい，絵の具や印刷インクは混色により光の吸収量が増加し暗くなるため，**減法混色**（subtractive color mixture）という。代表的3原色は加法混色では，赤（R），緑（G），青（B）であり，減法混色ではその補色である，黄（Y），マゼンタ（M），シアン（C）である。

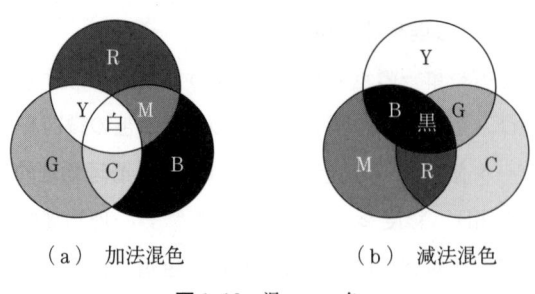

　（a）加法混色　　　（b）減法混色

図 1.16　混　　色

複数の色を混色して，特定の色と同じに見える色に合せることを**等色**（color matching）するという。等色は各色の重み付け加算であるが，その組合せは多数あり，重みは負の数の場合もある。つまり，同じ色に対して，その色を等色する表現は多数ありうるということになる。**図 1.17** に CIE1931 の RGB 表色系等色関数を示す。RGB 表色系は，図 1.17 のように可視光色が等色されていくが，特に中間部分はRが負の値になっている。そこで，三つの

1.3 色彩科学　15

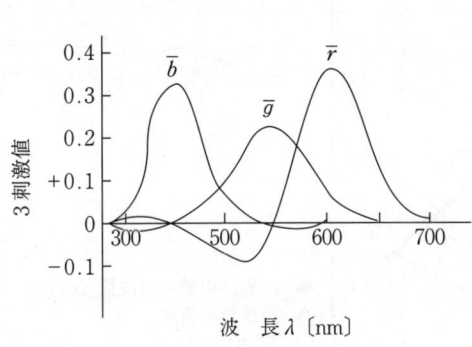

図1.17　CIE1931のRGB表色系等色関数

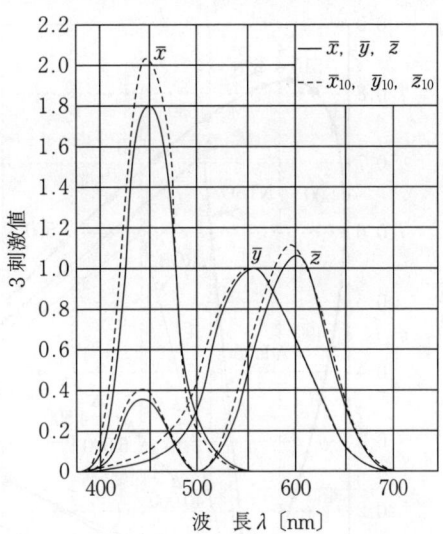

図1.18　CIE1931のXYZ表色系の等色関数

刺激値をすべて正の値で重み付け加算できるように修正したのがXYZ表色系である。**図1.18**にCIE1931のXYZ表色系の等色関数を示す。RGBからXYZ値への変換式は，式(1.6)で与えられる。

　XYZ表色系を明るさに関して正規化すると，色の違いのみを2次元で考えることができる。**図1.19**にXYZ表色系の正規化を示す。図のようなXYZ空間で (1, 0, 0)，(0, 1, 0)，(0, 0, 1) の3点を通る平面はxy色度を表す平面という。これを下記に示す式(1.7)で決まるxyの2次元平面で表したのが，**図1.20**に示すCIE XYZ表色系のxy色度図である。

$$\left. \begin{array}{l} x = \dfrac{X}{X+Y+Z} \\ y = \dfrac{Y}{X+Y+Z}, \quad \dfrac{Z}{X+Y+Z} \end{array} \right\} \quad (1.7)$$

図1.20で，RGBの色分布領域はXYZの色分布領域に含まれている。

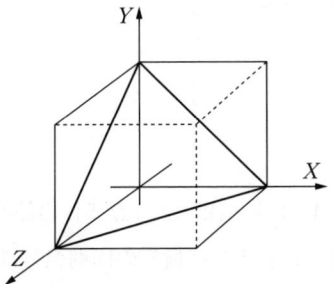

図1.19　XYZ表色系の正規化

16   1. アナログ画像の世界

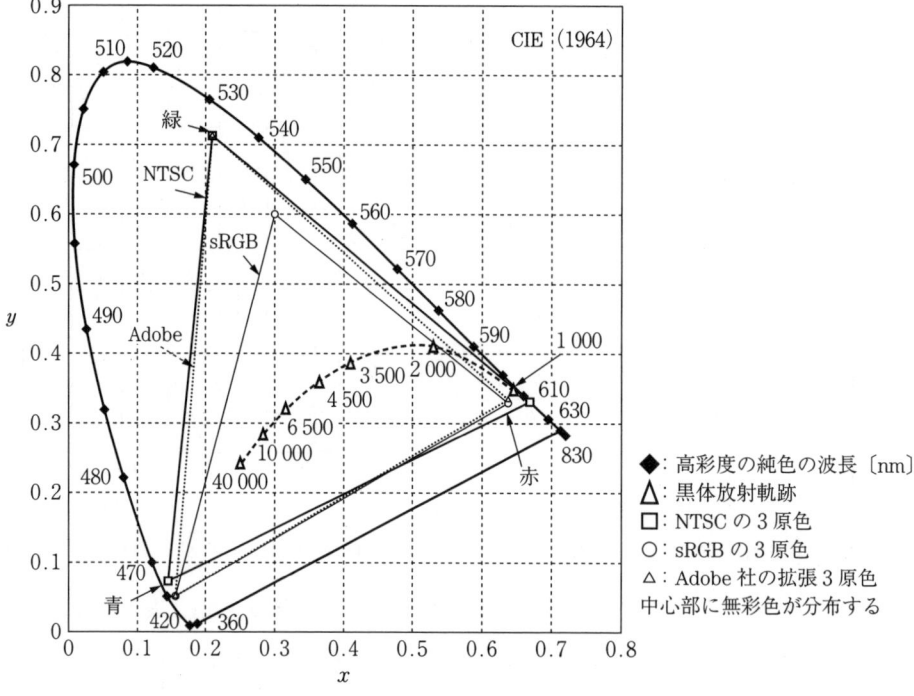

図 1.20　CIE XYZ 表色系の xy 色度図

1.3.3 色　変　換

　RGB で表されたカラー画像データは，コンピュータ内で画像処理を行うときに，代表して輝度信号を使用することが多い。これに対応して，輝度（Y）と，2 個の色差（UV）に変換することがよく行われる。式 (1.8)，(1.9) に，YUV（YC_bC_r；$U=C_b$，$V=C_r$）への変換と逆変換を示す。

$$\left.\begin{aligned}Y &= 0.298\,91 \times R + 0.586\,61 \times G + 0.114\,48 \times B \\ C_b &= -0.168\,74 \times R - 0.331\,26 \times G + 0.500\,00 \times B \\ C_r &= 0.500\,00 \times R - 0.418\,69 \times G - 0.081\,31 \times B\end{aligned}\right\} \tag{1.8}$$

$$\left.\begin{aligned}R &= Y + 1.402\,00 \times C_r \\ G &= Y - 0.344\,14 \times C_b - 0.714\,14 \times C_r \\ B &= Y + 1.772\,00 \times C_b\end{aligned}\right\} \tag{1.9}$$

　また，RGB と Y は [0, 255] の範囲，U，V は [−127.5, 127.5] の範囲を動く。また，U，V に 127.5 を加えて非負化したり，RGB，Y をテレビ信号の同期信号部を考慮して，16～235/240 の範囲に制限する場合もある。

　NTSC（National Television System Committee）テレビ信号の場合，RGB 3 色の信号処理

を，輝度（Y 信号と呼ぶ）と I, Q という 2 個の色差信号に変換する．

$$\begin{bmatrix} Y \\ I \\ Q \end{bmatrix} = \begin{bmatrix} 0.299 & 0.587 & 0.114 \\ 0.596 & -0.274 & -0.322 \\ 0.212 & -0.523 & 0.311 \end{bmatrix} \begin{bmatrix} R \\ G \\ B \end{bmatrix} \tag{1.10}$$

また，逆変換は

$$\begin{bmatrix} R \\ G \\ B \end{bmatrix} = \begin{bmatrix} 1.0 & 0.956 & 0.621 \\ 1.0 & -0.272 & -0.647 \\ 1.0 & -1.105 & 1.702 \end{bmatrix} \begin{bmatrix} Y \\ I \\ Q \end{bmatrix} \tag{1.11}$$

で表される．信号範囲は下記のようになる．

$$0 \leq R,\ G,\ B,\ Y \leq 255,\quad -151.98 \leq I \leq 151.98,\quad -133.365 \leq Q \leq 133.365$$

演 習 問 題

(1) テレビや PC のモニタは通常，一つの色の明るさが 8 bit/画素（256 レベル）で表示されるが，現実の世界は図 1.3 に示したように幅が広い．静止画像で一時に視覚が識別できる明るさのみに関するレベル数は写真などの室内光下での 8 bit（256 レベル），透過の光線を当てる X 線画像では 10 bit（1024 レベル）程度の識別が可能といわれている．これに対し，暗順応の時間応答（図 1.8）特性を考えた場合，映画のように時間的に明るさが変動する動画映像に対して，一定時間長に対する視覚が許容できる明るさの変化の幅を求めよ．

(2) 赤，緑，青を 3 原色として加法混色では，正数の混合係数では表現できない色があるが，CIE XYZ 表色系の xy 色度図（図 1.20）を用いてその色の例を示せ．

(3) 赤，緑，青の存在範囲がそれぞれ独立に $0 \leq R, G, B \leq 255$ のとき，Y, I, Q の存在範囲を 3 次元座標中の立体としての見取り図として書け．

2. ディジタル画像の入力

ディジタル画像はアナログ画像を A-D 変換して得られるが，デジタルカメラ，デジタルビデオなどディジタル画像として直接得られるものが多くなってきた。カメラやスキャナの目に相当する入力デバイスについて知っておく必要がある。静止画像はデジタルカメラとコンピュータの発達で，従来のテレビの標準サイズや写真サイズなどの定型のサイズからフリーなフォーマットが使用されるようになった。動画像では，テレビ放送が長くアナログ方式で行われてきたため，それに準じたデジタルテレビフォーマットが使用されており，重要である。画像をディジタル信号（bit）として扱うときにその情報量の計測法や，ディジタル信号処理の基本的演算処理を学んでおく必要がある。画像をコンピュータに取り込むためには，そのフォーマット（信号形式）や接続ケーブルの信号形式，コネクタのピン配置を知っておく必要がある。

2.1 光 電 変 換

光のエネルギーを電気エネルギーに変換することを**光電変換**（photoelectric conversion）という。光が物質に作用したときに生じる電気的な現象を**光電効果**（photoelectric effect）といい，撮像素子に使用されている。光電効果には，光電管に利用されている入射光のエネルギーが物質の電子エネルギー準位より大きいとき，電子を放出する**外部光電効果**と，半導体で光の吸収により低エネルギーの電子状態（価電子帯）から高エネルギーの電子状態（伝導帯）に遷移した電子が伝導帯で自由電子のように振る舞い，価電子帯に生じた正孔が自由正孔として振る舞うことによって電気伝導率が変化する**光導電効果**，あるいは電流が生じる**光起電効果**がある。

2.1.1 撮 像 管

撮像管（camera tube）には，外部光電効果を利用したイメージ管と呼ばれる真空管形がある。図 **2.1** に外部光電効果を利用したイメージ管の構造を示すが，レンズで結像された光の像は，光電効果をもつ光電陰極面で光量に応じた電子が発生し，偏向コイルからなる電

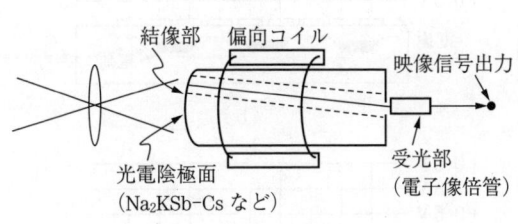
図 2.1　外部光電効果を利用した
イメージ管の構造

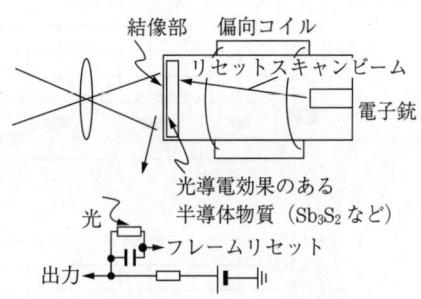
図 2.2　半導体を用いた光導電形の
撮像管の構成

子レンズで走査されながら，受光部の電子増倍管に入り映像信号になる。この方式は，外部光電効果の性能限界で，感度やSN比が向上できない。そこで現在では，ほとんどが結像部や受光部に半導体を用いている。

結像部に半導体を用いた光導電形の撮像管の構成を**図 2.2**に示す。光導電層に像が結像し，明るい部分は導電性が増し，局所（画素）ごとに輝度に応じて電荷がたまる。一方，電子ビームにより，負電荷の電子が一定期間（$1/30$ s）ごとにスキャンされ，照射時に0Vにリセットされる。結像部では画素単位に光電効果のある物質が，光が当たっていると抵抗が減少し，コンデンサに電荷がたまらない。リセットスキャンビームが通過時点のコンデンサの電位が輝度を表すものとして出力から取り出される[1]。

2.1.2　全固体撮像素子

真空管の撮像素子に対し，すべて半導体で構成されているものを（全）固体撮像素子という。固体撮像素子には，CCD形やCMOS形などが代表的である。**CCD**（charge coupled device）は**電荷結合素子**と呼ばれ，1969年にベル研究所で発明された。CCDは電荷を蓄積し，転送する機能をもつ素子であり，メモリや遅延素子，カメラセンサ，タップ付きフィルタなどの応用がなされたが，カメラのイメージセンサとして性能向上がなされ，デジタルカメラ，ビデオカメラに使用されている。

CCDは結像面にフォトダイオードなどを配置し，光を電荷に変換し，コンデンサの役割を果たす電子の井戸と呼ばれる部分に蓄積する。**図 2.3**に3相駆動によるCCDの電荷転送を示す。図のように電子の井戸は電圧によって制御され，取得のタイミングで順次電圧の変動を与え，電荷を転送していく。正の高い電圧部は井戸の底で電荷がたまる。低電圧や負の電圧は井戸の壁になる。電圧の移動で井戸全体が移動し，素子の端で順次取り出される。2次元センサとして，縦の転送後の信号を横に転送（または反対に）して1画面の取込みがなされる。

20   2. ディジタル画像の入力

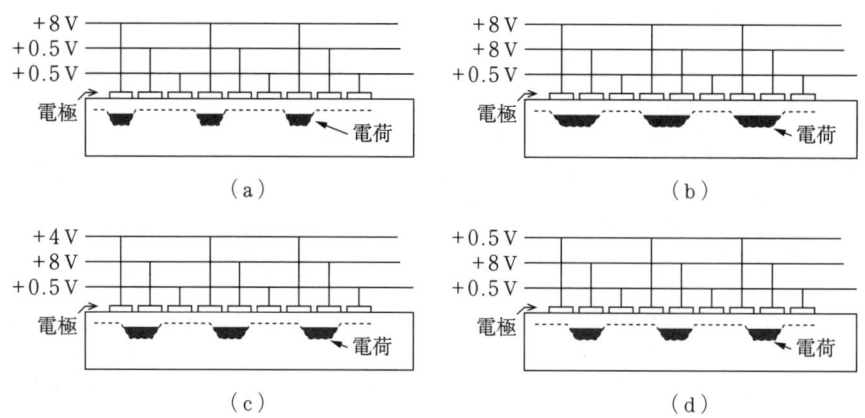

図2.3 3相駆動による CCD の電荷転送

CMOS 形は井戸をもたず，CMOS プロセスで形成されたカメラ素子をいう。**CMOS** は complementary metal oxide semiconductor（**相補形金属酸化膜半導体**）の略で，本来，半導体の主要プロセスの一種で広い意味をもち，**図2.4**のような構造をしている。pチャネルMOS とnチャネル MOS とからなる。nチャネル MOS は npn トランジスタで，中央のゲート（G，ベース）に正電圧がかかると，p形半導体チャネルは導通状態となり，ドレイン（D）から，ソース（S）に電流が流れる。ゲートの電圧が一定以下になると，電流は流れなくなる。ゲートは半導体と離れている。

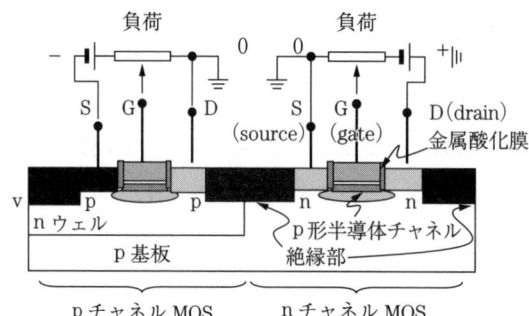

図2.4 CMOS の構造

CMOS 形イメージセンサの構成を**図2.5**に示す。垂直走査回路のトリガと，水平走査回路のトリガが同時に発生した画素点のフォトダイオードの電位が，アンプで増幅され取り込まれる。この組合せは任意に設定できる。フォトダイオードと CMOS 回路で構成されるアンプ，スイッチから成り立っている。CCD と CMOS の原理的な差異を**表2.1**に示す。

CCD 形は駆動電圧が高く，絶縁膜層も厚くなり，配線も多層になり，他の回路を組み込むことが難しい。一方，CMOS 形はもともと CMOS プロセスで構成されているため，他の画像処理回路などを組み込み，システム化しやすい。カメラ機能としての電子シャッタは

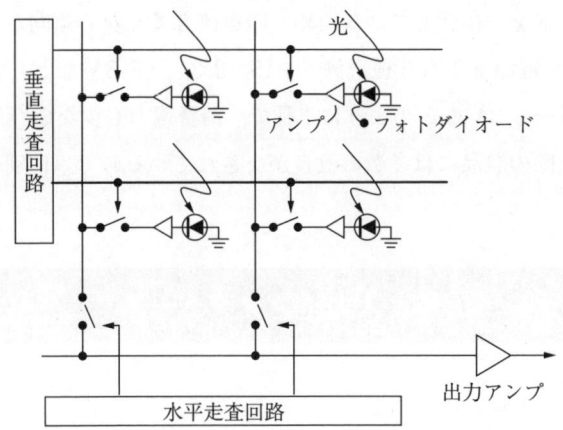

図2.5 CMOS形イメージセンサの構成

表2.1 CCDとCMOSの原理的な差異

	CCD	CMOS
プロセス	CCDが高電圧，多層で他の回路を組み込みにくい	CMOSで画像処理回路などの組込みが可能
電子シャッタ	垂直同時シャッタが可能	画素ごとに取り込むので，同時シャッタが難しい
スミア（強い光の流れ）	あり	なし
混色	なし	あり
消費電力	大	小

　CCD形では垂直線を同時に取り込み，水平に転送できるので，縦線がまっすぐに取り込める。一方，CMOS形は各画素ごとに自由に取込みができるが，基本構成では同時に取り込めないので，動きのある画像では，縦線が曲がるなどの歪みが出やすいことがある。スミアとは，一部に強い光線が入射されたとき，CCDでは電荷があふれ，転送時に隣の画素に伝搬して拡散や縦線が出るものである。**図2.6**にCCDカメラのスミアの例を示す。

　CMOS形では，電荷の転送をしていないので発生しない。混色とは，色に限らず，信号の漏れ込みで解像度の低下を起こす。CCDでは画素の分離が行われており，混色はほとんどない。CMOSでは，p基板内で信号の分離が厳格でなく，混色が多くなる可能性がある。ま

図2.6 CCDカメラのスミアの例（矢印を付した2本の縦線がスミアである）

た，CMOS 形ではフォトダイオードを一体化しているため，暗電流も多くなる傾向がある。CCD 形は回路構成が特殊になり，電源電圧も 3 種（例：+15, 3.3, −5.5 V など）必要になり消費電力が高い。CMOS は単一 3.3 V などのように 1 種で，消費電力も少ない[17]。

以上，原理的な比較であり，実際の製品には多数の改良がなされているので，個別の性能は優劣が異なる。

2.2　NTSC テレビ信号と入力インタフェース

2.2.1　NTSC テレビ信号形式

日米などで放送に使用されてきた NTSC テレビ信号方式は**図 2.7** に示すような時間信号波形をしている。NTSC テレビ信号は 1 画面が 525 ラインあり，そのうち 40 本は図のような**垂直同期信号**（vertical synchronizing signal）や等化パルス，保守用信号などからなる**垂直帰線期間**（vertical blanking interval）のなかの信号である。図 2.8 にテレビ水平同期信号とカラーバースト信号を示す。図は各水平 1 ライン（1 H）の信号を拡大したもので，**水平**（horizontal）**同期信号**に続き，カラー信号成分を抽出するための参照信号となるバースト信号（3.579 545 MHz）が続き，その後に映像信号がある。NTSC 信号の各周波数の諸元を**表 2.2** に示す。カラーの規格は白黒の規格と互換性があるが，後述する**カラー副搬送波**（color sub-carrier）の f_{SC} が水平同期信号周波数 f_H や音声副搬送波 f_{SA} と干渉するのを抑圧するた

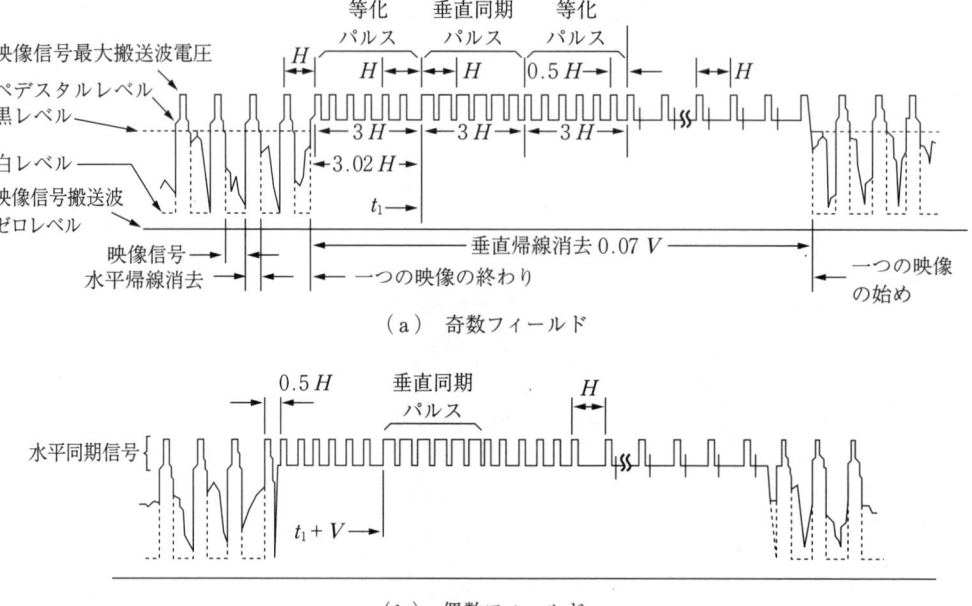

（a）奇数フィールド

（b）偶数フィールド

図 2.7　NTSC テレビ信号方式の時間信号波形

2.2 NTSC テレビ信号と入力インタフェース

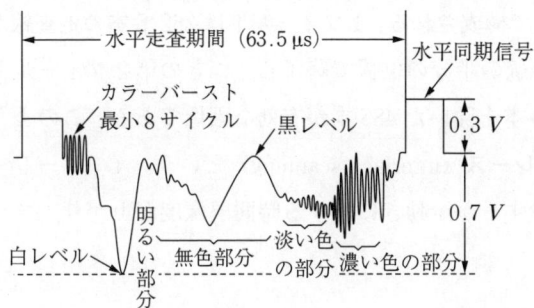

図 2.8 テレビ水平同期信号とカラーバースト信号

表 2.2 NTSC 信号の周波数の諸元

垂直同期信号（フレーム周波数）f_V	29.97 Hz（カラー），30 Hz（白黒の場合）
フィールド周波数	59.94 Hz（カラー），60 Hz（白黒の場合）
水平同期信号 f_H	15.734 264 kHz（カラー），15.750 kHz（白黒の場合）（期間 0.075 H）
カラー副搬送波 f_{SC}	3.579 545 MHz
音声副搬送波 f_{SA}	4.5 MHz

め調整したので，1/1 000 ずれた値に設定されている。

日米のアナログテレビは NTSC 方式であるが，表 2.3 に世界のアナログテレビ方式，および PAL と SECAM のフレーム周波数，走査線，色副搬送波周波数，おもな実施国を示す。

表 2.3 世界のアナログテレビ方式

方　　式	実　施　国
NTSC	日本，米国
PAL（phase alternation by line）：25 Hz，625 本，4.433 619 MHz	旧西ドイツ，英国，ベルギー，中国，ブラジル，オランダ，デンマークなど EU 諸国，オーストラリア，ニュージーランド
SECAM（sequential color and memory）：25 Hz，625 本，4.406 25 MHz および 4.250 00 MHz	フランス，旧東ドイツ，ロシア，サウジアラビアなど中近東諸国，東欧諸国，キューバ

2.2.2 インターレース，ノンインターレース表示

NTSC や PAL，SECAM などのテレビ方式では，1 枚の画像フレームは 2 枚のフィールドに分割される。図 2.9 にフィールド構造からなるインターレース方式を示す。NTSC 方式では，525 本の走査線からなるフレーム（駒）が 1 秒間に 30 枚あり，各フレームを 2 枚の

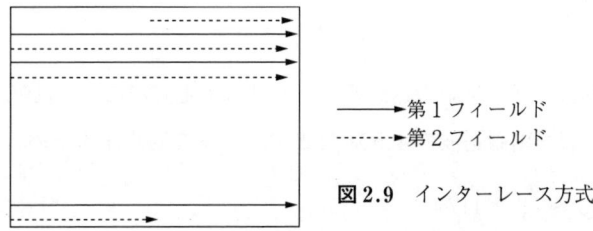

図 2.9 インターレース方式

フィールドに分割し，60 フィールドで構成される。1 フィールドは 262.5 本の走査線からなり，第 1 フィールドは画面下で走査線の半分の位置で終了し，つぎの第 2 フィールドへ続く。525 本のうち垂直帰線期間の 40 本を除いた 485 本が有効な画像である。このような信号を**飛び越し走査**，または**インターレース**（interlace scanning）という。インターレースにすることにより，空間解像度は減少するが，動きに対する時間解像度が上がり，フリッカ（ちらつき）も減少する効果がある。

2.2.3　Y，C の分離

図 2.10 に NTSC 信号の周波数割当てを示す。ビデオ信号は，**残留側波帯振幅変調方式**（vestigial sideband amplitude modulation：**VSB-AM**）で変調されるため，映像搬送波の下の 1.25 MHz から上 4.75 MHz までの 6 MHz の帯域幅を有している。映像の輝度信号 Y は 4.2 MHz の帯域があり，そのなかに色差信号 I，Q が色副搬送波を中心に重なっている。したがって，この周波数の重なる区間で，輝度 Y と色との相互の妨害が発生することがある。多重化された Y 信号と C 信号を正しく分離することが重要である。

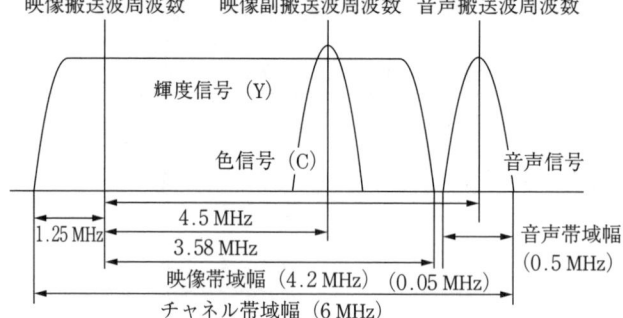

図 2.10　NTSC 信号の周波数割当て

映像信号を時間信号で表すと，輝度 E_Y と色差 E_I，E_Q により

$$E_M = E_Y + E_I \cos(2\pi f_{SC} t + \phi) + E_Q \sin(2\pi f_{SC} t + \phi) \quad \left(\phi = \frac{33°}{180°}\pi\right) \tag{2.1}$$

と表される。また，色副搬送の周波数 f_{SC} は水平同期信号の周波数 f_H の 1/2 の奇数倍

$$f_{SC} = \frac{455 f_H}{2} \tag{2.2}$$

となっている。これにより，色副搬送波のドットは水平走査線ごとに反転し，視覚的に妨害が出にくい。また，音声副搬送波の 4.5 MHz とのビートを防止するため

$$4.5\,\text{MHz} - f_{SC} = \frac{f_H}{2} \times 117 \tag{2.3}$$

と設定された。

図2.11に輝度信号と色差信号の配置の詳細を示す。輝度信号Yと色信号Cの分離方式は，（1）1次元YC分離，（2）2次元YC分離，（3）3次元YC分離の3種に分けられる。

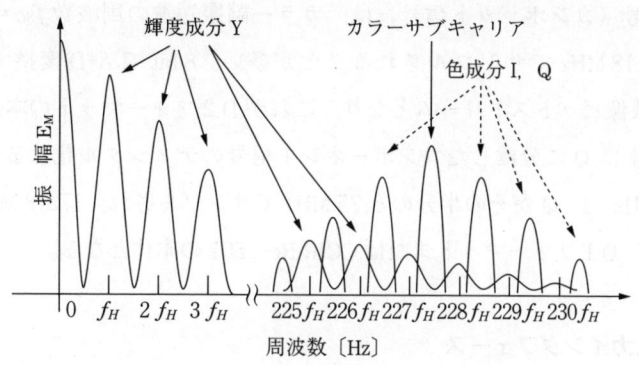

図2.11 輝度信号と色差信号の配置の詳細

（1）1次元YC分離では，上記周波数配置から低周波の輝度部分を取り出す**低域通過フィルタ**（**LPF**）と，カラー副搬送波3.58 MHzの部分を取り出す**帯域通過フィルタ**（**BPF**）とにより，それぞれを取り出す。輝度信号は水平同期信号（約15.7 kHz）の高調波がカラー副搬送波まで伸びている。一方，カラー副搬送波の成分も，輝度信号部分にまで広がっているので，カラー副搬送波3.58 MHzの部分を取り出す帯域通過フィルタは図2.11のような**櫛形フィルタ**（comb filter）の特性をとることが必要となるが，精度の高い櫛形フィルタの実現は難しい。1次元YC分離は3種のなかでは最も単純な構成であるが，輝度信号の除去が不完全になりやすいという問題があった。

（2）2次元YC分離は，上記問題を改善するために，2ラインのデータの差から輝度信号を除去することを行う。式 (2.2) によって，色副搬送波周波数はラインごとに1/2周波数が異なり，つまり位相が反転している。そこで，あるラインの輝度信号を Y，色信号を C と略記すると，変化が少ない場合は，現在のラインは $Y+C$，前ラインは $Y-C$ と表せる。2ラインのデータを引き算すると，$(Y+C)-(Y-C)=2C$ と輝度信号は消え，色差信号が2倍となった信号が得られる。また，加算すると，$(Y+C)+(Y-C)=2Y$ と色差信号は消え，輝度信号が2倍となった信号が得られる。このようなYC分離を2次元YC分離と呼ぶ。この方式は，映像が静止画像で上下ラインの相関が強いとき，効果的になる。

この方式は，現ラインと上下の2ラインの合計3ラインを使った形に強化できる。また逆にいえば，激しい動画像や斜め線の強い場合には輝度と色差信号の分離がうまくいかず，色信号に現れるクロスカラー，輝度に現れるドット妨害と呼ぶ歪みが生じることがある。

（3）3次元YC分離では，フレーム間の相関を使ってYC分離を行う。この場合，動きに

応じて処理を切り換える，動き適応3次元YC分離を行う方式が多い。

2.2.4　ディジタル化のサンプル周波数

テレビ信号（コンポジット信号）は，カラー副搬送波の周波数 $fsc = 3.579\,545\,\mathrm{MHz}$ の4倍の $14.318\,18\,\mathrm{MHz}$ でサンプルされることが多い。8 bit で A-D 変換すると約 115 Mbit/s (Mbps) の映像ビットストリームとなり，これが D 2 フォーマットの本体となる。輝度信号 Y と色差信号 I，Q に分離したコンポーネント信号のディジタル化は Y が帯域 4.5 MHz の 3 倍の 13.5 MHz，I，Q がその半分の 6.75 MHz でサンプルされ，172.8 Mbps の映像データとなり，これが D 1 フォーマットまたは CCIR Rec. 601 の本体となる。

2.2.5　入力インタフェース

静止画像，動画映像を PC に取り込むときの信号や制御の様態を画像入力インタフェースと呼ぶ。経路として，アナログビデオ映像，アナログ S 映像や IEEE1394，USB などによるディジタルインタフェースが使用されることが多い。

〔1〕**アナログビデオ映像端子**　　図 2.12 はアナログビデオ端子と S 映像のピン端子で，NTSC コンポジット信号をつなぐ。アナログテレビ電波が変調された信号形式であるのに対し，ベースバンド信号とも呼ばれる。映像端子は，通常黄色の表示がなされている。映像信

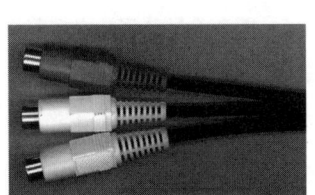

（a）アナログビデオ端子

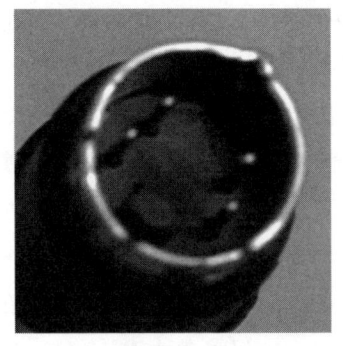

（b）S 映像のピン端子（1）

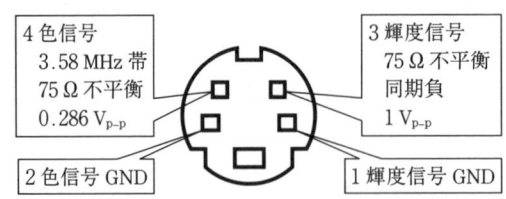

（c）S 映像のピン端子（2）

図 2.12　アナログビデオ端子〔(a)〕，S 映像のピン端子〔(b)，(c)〕

号は直流付近から4MHz程度までの広い帯域の信号であり，75Ωの同軸ケーブルで接続するのが望ましい。映像を扱うとき，テレビ，VTR，ビデオディスクなどは，この信号形式が基準となり，サイズ，フレームレート，飛び越し走査などの規格が限定されている。一方，PC上で作成されたアニメーションなどは，サイズ，フレームレートが自由形式である。

〔2〕**S映像端子**（super VHS用 separated YC video）　S映像は水平解像度を400本程度の表示が可能なように高画質化を図ったもので，輝度信号の帯域が5MHzまで拡大している。

〔3〕**IEEE1394ディジタルインタフェース**（I/F）（DV端子，iLINK端子）　IEEE1394はIEEE1394a-2000規格で，100Mbps/200Mbps/400Mbpsの転送速度を有するシリアルインタフェースである。縦属接続，ツリー接続，スター接続が可能である。ポートごとに1対1の接続を行う。最大63台まで接続でき，ケーブル数が16本までと制限されている。標準のケーブル長は4.5mである。また，ループになる構成は禁止されている。**図2.13**にIEEE1394a-2000（high performance serial bus）の6ピンと4ピンのコネクタとケーブルのクロス接続図を示す。6ピン形の第1ピンが電源で，第2ピンがグラウンドである。データ転送方式には，非同期のパケット通信を行う**アシンクロナス**（asynchronous）**通信**と，サイクルスタートパケット（125μs間隔）に同期した**アイソクロナス**（isochronous）**通信**とがある。IEEE1394I/Fはディジタルビデオ（DV）カメラやビデオ/オーディオなどの大容量

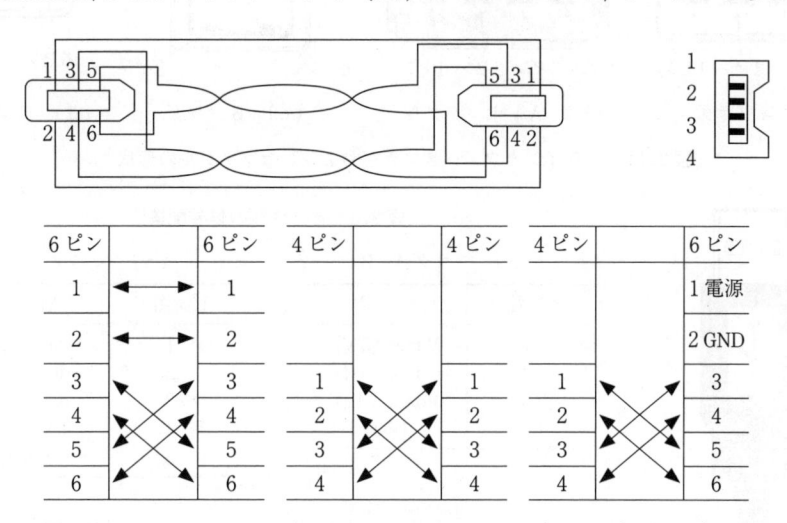

図2.13　IEEE1394a-2000（high performance serial bus）の6ピンと4ピンのコネクタとケーブルのクロス接続図[18]

表2.4　IEEE 1394規格の遷移

	1394-1995	1394a-2000	1394b-2002
最大転送速度	100，200，400 Mbps	100，200，400 Mbps	800 Mbps，1.6 Gbps，3.2 Gbps
コネクタ	6ピン	4ピン，6ピン	9ピン

28　　2．ディジタル画像の入力

のデータ転送に使用されている。**表 2.4** に IEEE1394 規格の遷移を示す。

〔4〕**USB インタフェース**　　USB（Universal Serial Bus）は 1.5 Mbps / 12 Mbps（USB1.0, 1.1）と 480 Mbps（USB2.0）の 3 種類の転送バス速度をもち，**図 2.14** のようなコネクタ（USB インタフェースプラグ，レセプタクル）で接続する。USB1.x は USP 2.0 仕様のサブセットになっているという互換性がある。USB 機器はホストコントローラ側とデバイス側に分かれ，PC などの機器側に通常レセプタクルが使用される。プラグは，ケーブルや USB メモリに使用される。転送処理ソフトがホスト側となる。接続には，**図 2.15** に示すような A プラグを用い，ハブ（HUB）を介して接続を拡張できる。USB ハブは 5 段まで縦属接続でき，デバイスとハブは最大 127 台まで接続してよい。ケーブル長は，遅延と減衰が規格内ならば制限はない。ハイスピード（480 Mbps）のハブは 5 Mbps / 12 Mbps のデータ転送のホスト役を代行し，混在環境でのハイスピード転送の効率低下を抑圧する。デジタルカメラ撮影後，USB インタフェース接続により，PC に取り込む方式が多い。**表 2.5** に各プラグの信号配置を示す。V bus は電源で，ディジタルデータは正負の data がペアとなり，半二重の双方向通信を行う。

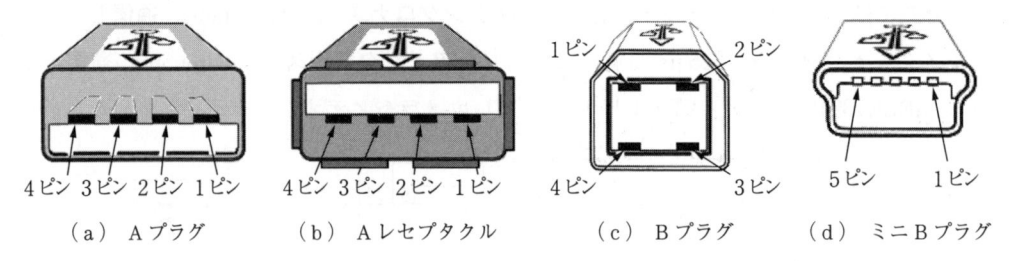

（a）A プラグ　　（b）A レセプタクル　　（c）B プラグ　　（d）ミニ B プラグ

図 2.14　USB インタフェースプラグおよびレセプタクルの形状[19)]

表 2.5　各プラグの信号配置[19)]

（a）プラグ A, B		（b）ミニプラグ	
ピン番号	信　号	ピン番号	信　号
1	V bus（5 V）	1	V bus（5 V）
2	− data（− D）	2	− data（− D）
3	＋ data（＋ D）	3	＋ data（＋ D）
4	GND	4	ID（NC）
		5	GND

図 2.15　A プラグ[19)]

〔5〕**バーコード，その他**　　PC への画像データの取込みには，テレビアンテナの同軸ケーブルから F 端子を介してキャプチャボードへつなぐもの，スキャナによる文書・書画の入力，タブレットによる手書きの文字・線画を入力するもの，などがある。以下，バー

コードについて説明する。

バーコードは1973年，初めて米国でUPCコードというものがつくられ，日本ではJANコードというものが1978年にJIS規格になった。**表2.6**にUPCコードに基づくO符号とE符号の組合せ，およびキャラクタ値に対するバーのパターンを示す。

表2.6 UPCコードに基づくO符号とE符号の組合せ，およびキャラクタ値に対するバーのパターン

(a) O符号とE符号の組合せ

1桁目 (国コード)	O/E符号の 組合せ（左側用）
0	OOOOOO
1	OOEOEE
2	OOEEOE
3	OOEEEO
4	OEOOEE
5	OEEOOE
6	OEEEOO
7	OEOEOE
8	OEOEEO
9	OEEOEO

(b) 左側のキャラクタのバーのパターン

キャラクタ	左側のキャラクタ	
	O	E
0	0001101	0100111
1	0011001	0110011
2	0010011	0011011
3	0111101	0100001
4	0100011	0011101
5	0110001	0111001
6	0101111	0000101
7	0111011	0010001
8	0110111	0001001
9	0001011	0010111

(c) 右側のキャラクタのバーのパターン

キャラクタ	右側のキャラクタ
	Eのみ
0	1110010
1	1100110
2	1101100
3	1000010
4	1011100
5	1001110
6	1010000
7	1000100
8	1001000
9	1110100

商品に付く代表的な13桁の**JANコード**（Japan Article Number）のバーコードは，意味的には，最初の2桁が国コード（日本は49または45），商品メーカーコードが5桁，商品アイテムコード5桁が並び，最後にチェックデジット1桁で終わる。実際は，クワイエットゾーンというスペースの後，左ガードバー（101）があり，2桁目から7桁目までが1組の符号となり，その符号のパターンから1桁目を表す。つまり国コードとメーカーコードの7桁の数字を6個の数字符号で表す。2個目以降の6個の数字符号は表2.6（b）のように2種あり，この2種類のどちらかを使っているかを示す規則〔表2.6（a）〕により，先頭の1個目の数字を潜在的に表す。その後，中央ガードパターン（01010）があり，5桁（35）の商品アイテムコードがあり，チェックデジット=1桁，右ガードバー（101），ライトマージンで終わる[20]。

図2.16はバーコード（JAN）の例である。国コードが日本の49，メーカーコードが12345，商品アイテムコードが00001の場合，13桁目のチェックキャラクタはその前の12桁の数値から以下の法則で決める。すなわち，右から左に見て，奇数番目の数値を3倍し，偶数番目の数値を1倍して，合計し，10で割った余りを求める。この余りを10から引いた数値がチェックビットになる。

$$(9+2+4+0+0+1) \times 3 + (4+1+3+5+0+0) = 48+13 = 61$$

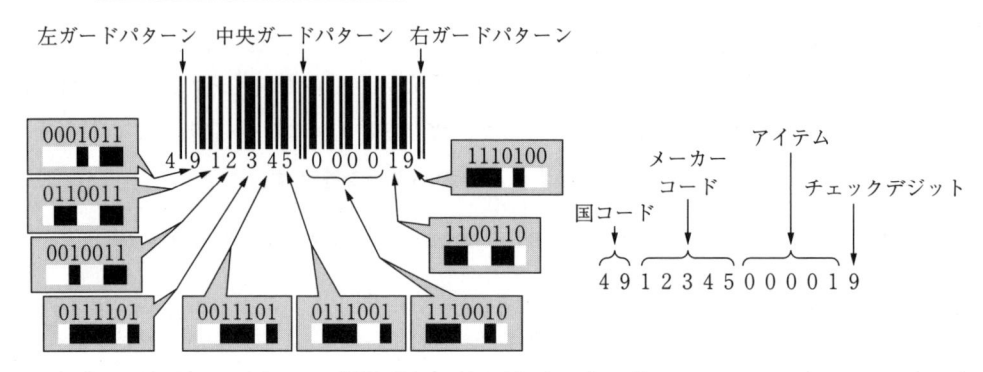

図2.16 バーコード（JAN）の例

$61 \div 10 = 6 \cdots\cdots$ 余り 1

$10 -$ 余り $1 = 9$

バーコードは2次元に拡張され，またカラー化もなされている。図 2.17 に QR コードによる Web ページデータの表示例を示す。

図 2.17 QR コードによる Web ページデータの表示例（本書 Web 資料の URL：http://www.sic.shibaura-it.ac.jp/~ohzeki/oz4c/c1/index4c.html を表している）

2.3 情報理論・信号処理の基礎

画像のファイルサイズは bit 数または byte 数で表される。圧縮符号化により，ファイルサイズは小さくなるが，画像のもつ情報量による限界よりも小さくすることはできない。画像の情報量は，画像をどのように観測し取り扱うかにより定式化が異なるため，その結果として得られる表現も違いが出る。ここでは，シャノンの提唱した確率分布から求まる情報量を画像データに適用することを考える。また，時間の関数である画像情報を周波数に変換することによりフィルタ処理が行える。フーリエ変換，畳み込みの定義を行い，標本化定理について述べる。

2.3.1 情報量とエントロピー

画像にはファイルサイズという量がある。いま**図 2.18**のような，圧縮処理されていないカラーの原画像 G〔図 (a)〕があるとする。横 140 画素，縦 200 画素で 1 画素当り 3 色のカラー画像であるので，ファイルサイズは，ヘッダも含めると，84 054 byte である。これを，もとに戻る圧縮処理方式（png）〔図 (b)〕を使って圧縮すると，ファイルサイズは 61 252 byte に減少する。二つの画像の表示されているデータはまったく同一である。画像の情報量とは，単なるファイルサイズではなく，その原画像がもつすべての値を再現するために必要な表現記述量のなかで最小の値である。一般的には，はじめに算出したファイルサイズが乱数データなどまであらゆる場合を考慮したときの情報量になるが，画像とは，共通の画像的性質があるもののみを意味すると仮定し，その性質を利用すれば，より少ない情報で，画像を記述できる。画素値などの発生確率を調べることにより，情報量を定義することができる。

（a） G. bmp（カラー）　　　　　　（b） G. png（61 252 byte）

横 140 画素，　縦 200 画素，　階調：1 画素 24 bit（3 byte），　画像量：140×200×3＝84 000 byte，　ヘッダ：54 byte，　ファイルサイズ：84 054 byte

図 2.18 画像の原情報（a）と可逆な圧縮を行った例（b）

いま発生確率 p をもつ事象に対して，その確率の逆数の底 2 の対数を**自己情報量**（self-information：**SI**）といい

$$SI = \log_2 \frac{1}{p} \quad \text{〔bit〕}$$

と定義する。SI はこの事象を 2 進表示しようとする場合の bit 数と解釈できる。対数の底を自然対数の e とすればナット（nat），10 とすればハートレー（Hartley）またはディット（dit）と呼ぶ。1 nat＝約 1.44 bit，1 Hartley＝約 3.32 bit であるが，以下，本書では対数の

底を 2 とした bit を用いる。

　事象の自己情報量は，複数の事象に対しては発生確率で平均して総合の情報量を求めることができる。そこで，確率の和が 1 である，事象系に対し，つぎのような平均情報量を定義する。

　事象 $a_1, a_2, \cdots, a_n$ からなる事象系 A があり，各事象の確率を

$$p(a_1), \ p(a_2), \cdots, \ p(a_n), \sum_{i=1}^{n} p(a_i) = 1$$

とするとき，情報量の期待値 $H(A)$ は

$$H(A) = -\sum_{i=1}^{n} p(a_i) \log_2 p(a_i) \quad [\text{bit}] \tag{2.4}$$

（ただし，$p=0$ の場合は $0 \log_2 0 = 0$ と解釈する）

となり，これを**平均情報量**または**エントロピー**（entropy）と呼ぶ。

　画像情報に対して，各画素の値の発生確率を調べれば確率事象となり，エントロピーを計算できる。例えば 8 bit，すなわち 256 レベルの画素値の確率分布はほぼ均一で，エントロピーは 7 以上になることが多い。

　つぎに，事象系が 2 個ある場合を考える。二つの事象系を A, B とし，その事象をそれぞれ $a_i (i=1, 2, \cdots, n)$, $b_j (j=1, 2, \cdots, m)$ とする。また，その結合確率を $p(a_i, b_j)$ とする。このとき

$$p(a_i, \ b_j) \geqq 0, \ \sum_{i=1}^{n}\sum_{j=1}^{m} p(a_i, \ b_j) = 1, \ p(a_i) = \sum_{j=1}^{m} p(a_i, \ b_j), \ p(b_j) = \sum_{i=1}^{n} p(a_i, \ b_j),$$

$$p(a_i, \ b_j) = p(a_i | b_j) p(b_j) \quad \left(\text{ただし}, \ \sum_{i=1}^{n} p(a_i | b_j) = 1\right)$$

となる。これをもとに結合事象系 A, B の**結合エントロピー**（joint entropy）は

$$H(AB) = -\sum_{i=1}^{n}\sum_{j=1}^{m} p(a_i, \ b_j) \log_2 p(a_i, \ b_j) \tag{2.5}$$

で定義される。画像の結合エントロピーの例として，2 個ずつ連続する画素値を事象とする確率分布を考えることができる。隣り合う 2 個の画素値には強い相関があり，2 画素で 16 bit の原情報に対し，結合エントロピー値は 12 bit 前後になることが多い。

　結合エントロピーに関連して，一方の事象が発生したとき，他方の事象を考える条件付き事象と条件付きエントロピーを考えることができる。事象系 B の事象 b_j が発生したとき，事象系 A の事象 a_i が生起する条件付き確率 $p(a_i | b_j)$ を考える。このとき，b_j が生起したときの a_i の条件付き情報量は

$$-p(a_i | b_j) \log_2 p(a_i | b_j)$$

となり，その a_i についての平均は，b_j が生起したときの条件付きエントロピー

$$H(A|b_j) = -\sum_{i=1}^{n} p(a_i|b_j) \log_2 p(a_i|b_j)$$

となる。これを b_j について平均したものが，事象系 B が生起したもとでの事象系 A の**条件付きエントロピー** (conditional entropy) で

$$H(A|B) = \sum_{j=1}^{m} p(b_j) H(A|b_j) = -\sum_{i=1}^{n} \sum_{j=1}^{m} p(b_j) p(a_i|b_j) \log_2 p(a_i|b_j)$$

$$= -\sum_{i=1}^{n} \sum_{j=1}^{m} p(a_i, b_j) \log_2 p(a_i|b_j) \tag{2.6}$$

となる。

情報量はまた，曖昧さ，不確実性の大きさとも解釈できる。事象系 A と B に上記のような関係があるとき，一つの通報 b_j を受信した際にもう一つの事象 a_i の情報量の変化を考え，以下のような**相互情報量** (mutual information) を定義する。まず，通報 b_j を受信する前の A の平均情報量（エントロピー）（曖昧性）は $H(A)$ である。つぎに通報 b_j を受信した後には，A の平均情報量は，b_j を受信したもとでの条件付きエントロピー $H(A|B)$ に変化する（減少する）。この差は式 (2.7) のようになり，これを相互情報量という。

$$I(A;B) = H(A) - H(A|B)$$

$$= -\sum_{i=1}^{n} p(a_i) \log_2 p(a_i) + \sum_{i=1}^{n} \sum_{j=1}^{m} p(a_i, b_j) \log_2 p(a_i|b_j)$$

$$= -\sum_{i=1}^{n} \sum_{j=1}^{m} p(a_i, b_j) \log_2 p(a_i) + \sum_{i=1}^{n} \sum_{j=1}^{m} p(a_i, b_j) \log_2 \frac{p(a_i, b_j)}{p(b_j)}$$

$$= \sum_{i=1}^{n} \sum_{j=1}^{m} p(a_i, b_j) \log_2 \frac{p(a_i, b_j)}{p(a_i) p(b_j)} = I(B;A) \tag{2.7}$$

式 (2.4) 〜 (2.7) に示したエントロピーには式 (2.8) のような関係がある。

$$\left.\begin{aligned} H(AB) &= H(A|B) + H(B) = H(B|A) + H(A) \\ H(AB) &\leq H(A) + H(B) \\ I(A;B) &= H(A) - H(A|B) = H(A) + H(B) - H(AB) \end{aligned}\right\} \tag{2.8}$$

画像に対して，**図 2.19** のように2画素ずつ対にした場合の画像の統計データを考えれば，左側を事象系 A，右側を事象系 B とおくと，A の値が知られたとき，B の平均情報量（エントロピー）は条件付きエントロピー $H(B|A)$ で計算される。1画素8bitの画像データに対し，条件付きエントロピー $H(B|A)$ は通常4〜6 bit/画素程度に減少する。

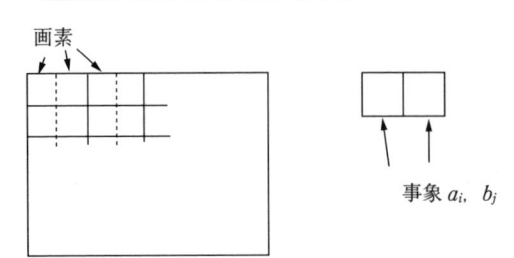

図 2.19 2画素ずつ対にした場合の画像の統計データ

例 2.1 静止画像の輝度信号についてのエントロピーの実測データを示す。**表 2.7** に式 (2.4) の 1 画素ごとに独立に発生確率を調べたときのエントロピーの実測例を示す。

各画像のエントロピーは，ばらつきがある。**図 2.20** に画像枚数の増加とエントロピーの収束の様子を示してあるが，この場合，枚数が多くなると 90 % 以上に収束しているのがわかる。

表 2.7 式(2.4)の 1 画素ごとのエントロピーの実測例

画像 (720×540)	エントロピー
消防車	6.867
日本家屋	7.470
日本家屋 (補正後)	7.715
蓮池	7.815
自動車	7.860
自動車 (縮小)	7.865

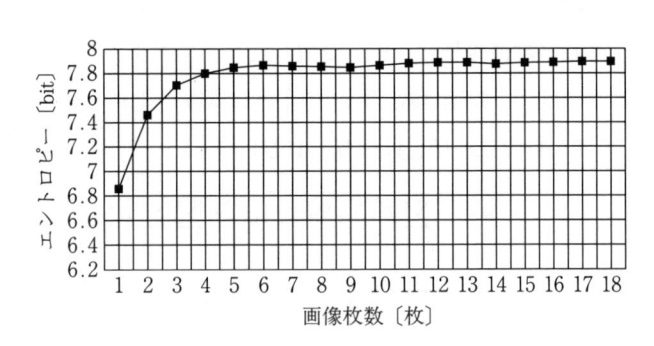

図 2.20 画像枚数の増加とエントロピーの収束の様子

2.3.2 フーリエ変換とスペクトル

画像信号は時間に関する関数であるが，信号の性質は周波数成分を解析することによって特徴付けられるため，信号を時間軸と周波数軸で考察する**ディジタル信号処理**（digital signal processing：**DSP**）という名称の技術分野がある。ここでは，時間信号を周波数領域の信号に変換するフーリエ変換について説明する。

〔1〕 **実数フーリエ級数展開** フーリエ（Fourier）は，$0 \leq t \leq T$ で定義された関数 $g(t)$ を T を基本周期とする三角関数の族によって

$$g(t) = \frac{1}{2}a_0 + \sum_{n=1}^{\infty}\left(a_n \cos\frac{2n\pi}{T}t + b_n \sin\frac{2n\pi}{T}t\right) \tag{2.9}$$

のように展開することを提案した。係数 a_n, b_n は，式 (2.9) の両辺に $\cos(2m\pi/T)t$, $\sin(2m\pi/T)t$ をそれぞれ乗じ，0 から T まで定積分すれば，直交性の関係式

$$\frac{1}{T}\int_0^T \cos\left(\frac{2m\pi}{T}t\right)\cos\left(\frac{2n\pi}{T}t\right)dt = \left\{\begin{array}{ll}\frac{1}{2} & (m=n>0) \\ 0 & (m\neq n)\end{array}\right.$$

$$\left.\begin{array}{l}\frac{1}{T}\int_0^T \sin\left(\frac{2m\pi}{T}t\right)\sin\left(\frac{2n\pi}{T}t\right)dt = \left\{\begin{array}{ll}\frac{1}{2} & (m=n) \\ 0 & (m\neq n)\end{array}\right. \\ \frac{1}{T}\int_0^T \sin\left(\frac{2m\pi}{T}t\right)\cos\left(\frac{2n\pi}{T}t\right)dt = 0\end{array}\right\} \quad (2.10)$$

を用いて式 (2.11), (2.12) のように求まる。

$$a_n = \frac{2}{T}\int_0^T g(t)\cos\left(\frac{2n\pi}{T}t\right)dt \tag{2.11}$$

$$b_n = \frac{2}{T}\int_0^T g(t)\sin\left(\frac{2n\pi}{T}t\right)dt \tag{2.12}$$

例 2.2 図 2.21 の矩形波関数と鋸歯状波関数を考える。

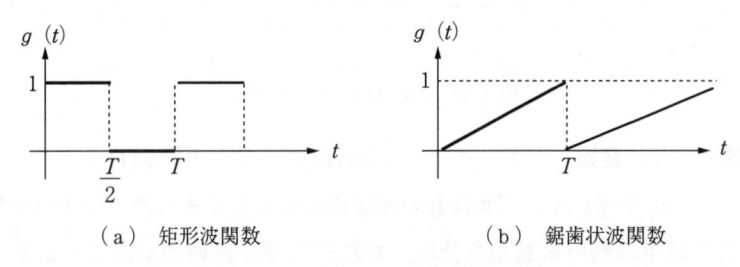

(a) 矩形波関数　　　　　(b) 鋸歯状波関数

図 2.21 矩形波関数と鋸歯状波関数

図 (a) の矩形波関数は

$$g(t) = \left\{\begin{array}{ll}1 & \left(0 \leq t < \frac{T}{2}\right) \\ 0 & \left(\frac{T}{2} \leq t \leq T\right)\end{array}\right. \tag{2.13}$$

で表され，そのフーリエ級数展開は

$$\left.\begin{array}{l}a_0 = \frac{2}{T}\int_0^{T/2} 1\,dt = 1 \\ a_n = \frac{2}{T}\int_0^{T/2} 1\times\cos\left(\frac{2n\pi}{T}t\right)dt = 0 \quad (n\neq 0) \\ b_n = \frac{2}{T}\int_0^{T/2} 1\times\sin\left(\frac{2n\pi}{T}t\right)dt = \left\{\begin{array}{ll}0 & (n=\text{偶数}) \\ \frac{2}{n\pi} & (n=\text{奇数})\end{array}\right.\end{array}\right\} \quad (2.14)$$

より式 (2.15) のようになる。

$$g(t) = \frac{1}{2} + \frac{2}{\pi}\sum_{n=1}^{\infty}\frac{1}{2n-1}\sin\left\{\frac{2(2n-1)\pi}{T}t\right\} \tag{2.15}$$

級数を有限の n 個で打ち切った場合の矩形波関数の近似波形は，**図2.22**のようになる。

図（b）の鋸歯状波関数は $g(t)=t/T(0 \leq t < T)$ で，そのフーリエ級数展開は

$$g(t) = \frac{1}{2} - \frac{1}{\pi}\sum_{n=1}^{\infty}\frac{1}{n}\sin\left(\frac{2n\pi}{T}t\right) \tag{2.16}$$

となる。

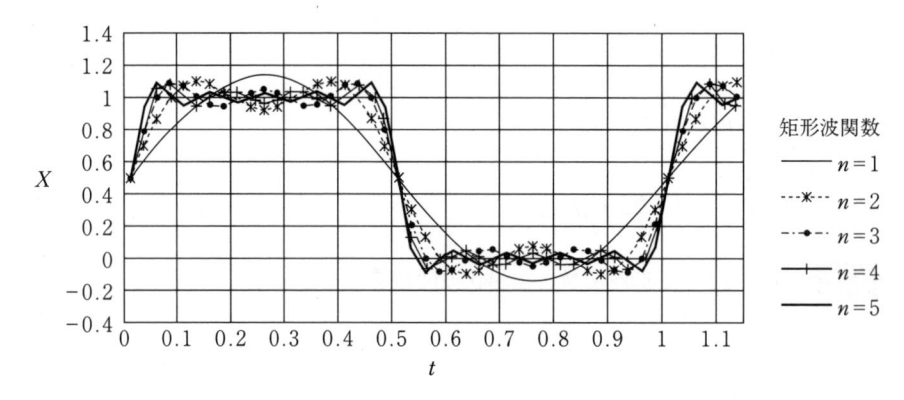

図2.22 矩形波関数の近似波形

〔2〕 **複素フーリエ変換** 　実フーリエ級数展開は，周期関数 $g(t)$ を三角関数を乗じて積分した係数 a_n, b_n を用いて，三角関数の無限級数和として表した。前半の係数 a_n, b_n を求める積分と，後半の無限級数和を分け，それぞれ積分変換の形式に整えることができる[21]。関数の区間を $[-T/2, T/2]$ にずらし，係数を $c_n=(1/2)(a_n-jb_n)$（ただし，j は虚数単位とする）とすることにより，**フーリエ変換**（Fourier transform）

$$F(\omega) = \int_{-\infty}^{\infty} g(t)e^{-j\omega t}dt \tag{2.17}$$

を定義する。また，**フーリエ逆変換**（inverse Fourier transform）は

$$g(t) = \frac{1}{2\pi}\int_{-\infty}^{\infty}F(\omega)e^{j\omega t}d\omega \tag{2.18}$$

で定義される。ω は角周波数で，区間の幅 T を1周期とした $\omega_0=2\pi/T$（ラジアン）を基本周期とし，$\omega_n=(2\pi/T)\times n$ がその整数倍周期となる。

例2.3 　矩形波関数の複素フーリエ変換を求める。

$$\begin{aligned}F(\omega) &= \int_{-T}^{T}e^{-j\omega t}dt = \frac{1}{-j\omega}\left[e^{-j\omega t}\right]_{-T}^{T} = \frac{1}{-j\omega}\left[e^{-j\omega T}-e^{j\omega T}\right]\\&= \frac{1}{-j\omega}[\cos\omega T - j\sin\omega T - \cos\omega T - j\sin\omega T] = +\frac{2}{\omega}\sin\omega T\end{aligned} \tag{2.19}$$

2.3 情報理論・信号処理の基礎

例 2.4 三角形関数の複素フーリエ変換を求める。

$$F(\omega) = \int_{-T}^{0}\left(1+\frac{t}{T}\right)e^{-j\omega t}dt + \int_{0}^{T}\left(1-\frac{t}{T}\right)e^{-j\omega t}dt$$

$$= \int_{-T}^{T} e^{-j\omega t}dt + \int_{-T}^{0}\frac{t}{T}e^{-j\omega t}dt - \int_{0}^{T}\frac{t}{T}e^{-j\omega t}dt$$

$$= \frac{2}{\omega}\sin\omega T + \left[\frac{t}{-j\omega T}e^{-j\omega t}\right]_{-T}^{0} + \int_{-T}^{0}\frac{1}{j\omega T}e^{-j\omega t}dt - \left[\frac{t}{-j\omega T}e^{-j\omega t}\right]_{0}^{T}$$

$$+ \int_{0}^{T}\frac{1}{-j\omega T}e^{-j\omega t}dt$$

$$= \frac{2}{\omega}\sin\omega T - \frac{1}{j\omega}(\cos\omega T + j\sin\omega T) + \frac{1}{\omega^2 T}(1-\cos\omega T - j\sin\omega T)$$

$$+ \frac{1}{j\omega}(\cos\omega T - j\sin\omega T) - \frac{1}{\omega^2 T}(\cos\omega T - j\sin\omega T - 1)$$

（同じ項で正負の対を，点線で結んで示してある）

$$= \frac{1}{\omega^2 T}(2-2\cos\omega T)$$

$$= \frac{4}{\omega^2 T}\sin^2\frac{\omega T}{2} \tag{2.20}$$

図 2.23 に実偶関数の時間信号波形とそのフーリエ変換後の振幅の周波数応答を示す。

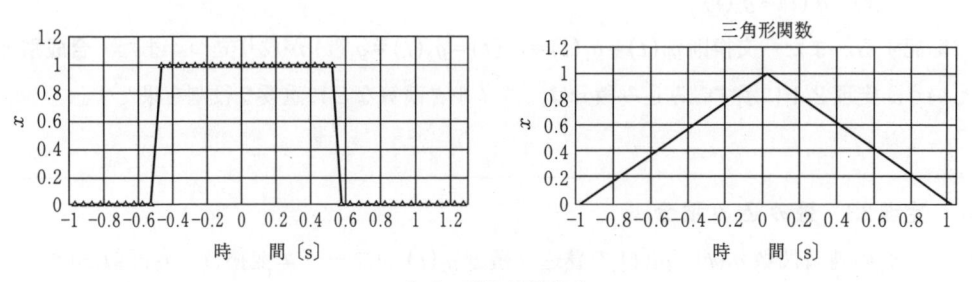

（a） 時間信号波形

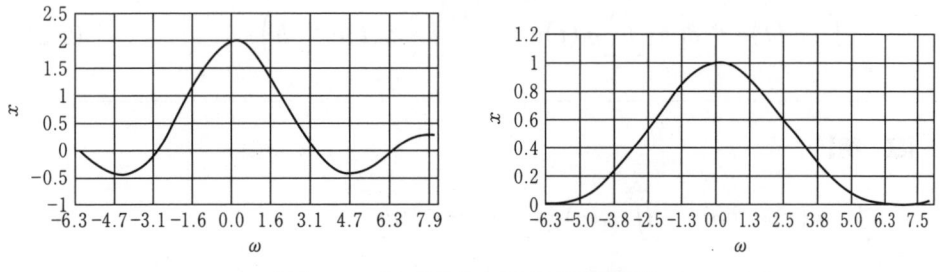

（b） フーリエ変換後の振幅の周波数応答

図 2.23 実偶関数の時間信号波形とそのフーリエ変換後の振幅の周波数応答

〔3〕 **離散複素フーリエ変換**　　連続関数 $g(t)$ を間隔 T ごとにサンプルした N 個の数列

$$\{g(0),\ g(T),\ (2T),\cdots,\ g((N-1)T)\} \tag{2.21}$$

を離散データといい，信号を A-D 変換した場合は，各データはさらに所定の数値に量子化され，制限された値のみをとる。このデータの離散複素フーリエ変換と逆変換は

$$F(m) = \sum_{n=0}^{N-1} g(nT) e^{-j(2\pi nm)/N} \tag{2.22}$$

$$g(nT) = \frac{1}{N} \sum_{m=0}^{N-1} F(m) e^{j(2\pi nm)/N} \tag{2.23}$$

となる。

2.3.3 畳み込み

二つの連続関数 $g_1(t)$, $g_2(t)$ があるとき，式 (2.24) を **畳み込み積分** (convolution integral) という。

$$g_3(t) = \int_{-\infty}^{\infty} g_1(\tau) g_2(t-\tau) d\tau \tag{2.24}$$

畳み込み積分は記号「＊」を使用して

$$g_3(t) = g_1(t) * g_2(t)$$

と略記する。また，交換則 $g_3(t) = g_1(t) * g_2(t) = g_2(t) * g_1(t)$ が成り立つ。また，**合成積** ともいう。定理 2.1 に示す畳み込み積分は，フィルタ演算などに重要な役割を果たす。

定理 2.1　畳み込み積分

二つの連続関数 $g_1(t)$, $g_2(t)$ の畳込み積分 $g_3(t)$ のフーリエ変換は，各関数 $g_1(t)$, $g_2(t)$ のフーリエ変換の積に等しい。すなわち，式 (2.25) のようになる。

$$\int_{-\infty}^{\infty} g_3(t) e^{-j\omega t} dt = \left(\int_{-\infty}^{\infty} g_1(t) e^{-j\omega t} dt \right) \left(\int_{-\infty}^{\infty} g_2(t) e^{-j\omega t} dt \right) \tag{2.25}$$

【証　明】[21)]

$$\int_{-\infty}^{\infty} g_3(t) e^{-j\omega t} dt = \iint_{-\infty\ -\infty}^{\infty\ \infty} g_1(\tau) g_2(t-\tau) d\tau e^{-j\omega t} dt$$

$$= \int_{-\infty}^{\infty} g_1(\tau) e^{-j\omega \tau} d\tau \int_{-\infty}^{\infty} g_2(t-\tau) e^{-j\omega(t-\tau)} dt$$

$$= \left(\int_{-\infty}^{\infty} g_1(t)e^{-j\omega t}dt\right)\left(\int_{-\infty}^{\infty} g_2(t)e^{-j\omega t}dt\right)$$

$$= F_1(\omega)F_2(\omega) \quad \text{(証明終わり)} \tag{2.26}$$

N個の離散データに対しては,式 (2.25) と同様の式が定義できるが,畳み込み演算の範囲がN個のデータの範囲を超過するため,左右に周期的にデータを接続して扱う。この畳み込みを**巡回形コンボリューション**(circular convolution) という。離散データ $g_1(n)$, $g_2(n)$ の畳み込みは

$$g_3(n) = \sum_{k}^{n-1} g_1(k)\widehat{g}_2(n-k) \quad (n=0,\ 1,\cdots,\ N-1)$$

$$\text{ただし,}\ \widehat{g}_2(n) = \begin{cases} g_2(n) & (0 \leq n \leq N-1) \\ g_2(N+n) & (-N+1 \leq n < 0) \end{cases} \tag{2.27}$$

となる。式 (2.27) の左辺の $\widehat{g}_2$ の変数 n と右辺 g_2 の変数 n または $N+n$ の対応関係を**表 2.8**に示す。この式 (2.27) の関係は,離散データ $g_1(n)$, $g_2(n)$ に対する離散フーリエ変換を $F_1(m)$, $F_2(m)$, $F_3 = F_1(m)F_2(m)$ とし,$g_3(n)$ が $F_3(m)$ のフーリエ逆変換となることは,以下のようにしてわかる。$F_3 = F_1(m)F_2(m)$ をフーリエ逆変換すると

$$g_3(n) = \frac{1}{N}\sum_{m=0}^{N-1} F_1(m)F_2(m)e^{j(2\pi nm)/N}$$

$$= \frac{1}{N}\sum_{m=0}^{N-1}\left(\sum_{m_1=0}^{N-1} g_1(m_1)e^{-j(2\pi mm_1)/N}\right)\left(\sum_{m_2=0}^{N-1} g_2(m_2)e^{-j(2\pi mm_2)/N}\right)e^{-j(2\pi nm)/N}$$

$$= \frac{1}{N}\sum_{m_1=0}^{N-1}\sum_{m_2=0}^{N-1} g_1(m_1)g_2(m_2)\sum_{m=0}^{N-1} e^{-j\{2\pi m(m_1+m_2-n)\}/N} \tag{2.28}$$

となる[22]。ここで

$$\sum_{m=0}^{N-1} e^{-j\{2\pi m(m_1+m_2-n)\}/N} = \begin{cases} N & (m_1+m_2-n=0) \\ 0 & (m_1+m_2-n \neq 0) \end{cases} \tag{2.29}$$

であるので,式 (2.28) は

$$g_3(n) = \sum_{m_1=0}^{n} g_1(m_1)g_2(n-m_1) + \sum_{m_1=n+1}^{N-1} g_1(m_1)g_2(N+n-m_1) \tag{2.30}$$

となる[22]。

表 2.8 式 (2.27) の左辺の $\widehat{g}_2$ の変数 n と右辺の g_2 の変数 n の対応関係

左辺の $\widehat{g}_2$ の変数 n	-7	-6	-5	-4	-3	-2	-1	0	1	2	3	4	5	6	7
右辺の g_2 の変数 n	1	2	3	4	5	6	7	0	1	2	3	4	5	6	7

2.3.4 自己相関関数

連続関数 $g(t)$ に対する**自己相関関数** (auto-correlation function) は，式 (2.31) で与えられる[23]。

$$R(\tau) = \lim_{T \to \infty} \frac{1}{2T} \int_{-T}^{T} g(t)\, g(t-\tau)\, dt \tag{2.31}$$

$2N+1$ 個の離散データに対しては，式 (2.32) で与えられる。

$$R(d) = \lim_{N \to \infty} \frac{1}{2N+1} \sum_{n=-N}^{N} g(n)\, g(n+d) \tag{2.32}$$

信号の平均値 m をあらかじめ除くと，式 (2.33) のような**自己共分散関数** (auto-covariance function) が得られる。

$$C(\tau) = \lim_{N \to \infty} \frac{1}{2N} \int_{-N}^{N} \{g(t)-m\}\{g(t-\tau)-m\}\, dt \tag{2.33}$$

$$C(d) = \lim_{N \to \infty} \frac{1}{2N+1} \sum_{n=-N}^{N} \{g(n)-m\}\{g(n+d)-m\} \tag{2.34}$$

自己相関と共分散は類似しており，式 (2.32) および式 (2.34) を展開し，$C(d) = R(d) - m^2$ であることが導ける[23]。$\tau(d)$ は，ずらした遅延時間（サンプル幅）で，$\tau=0$ ($d=0$) のとき通常の分散になり

$$C(0) = \lim_{N \to \infty} \frac{1}{2N+1} \sum_{n=-N}^{N} \{g(n)-m\}^2 = \sigma^2$$

となる。また

$$C(d) \leq \sigma^2 \tag{2.35}$$

という関係がある。この分散で正規化したものが，式 (2.36) のような**相関係数** ρ になる。

$$\rho = \frac{C(d)}{\sigma^2} \tag{2.36}$$

各 τ に対し，画像信号の相関係数は，古くから計測されており，$d=1$ では相関係数は約 0.9～0.95 程度になることが多い[24],[25]。最近の計測では 0.9～0.98 程度で，代表値として 0.96 があげられている[26]。画像にはこのように強い相関があるため，隣接した画像を独立にではなく，連携して扱うことで効率を向上できる。画像の自己共分散は，相関係数を用いた式 (2.37) のようなモデルでよく近似できることが知られている。

$$C(d) = \sigma^2 \rho^{|d|} \tag{2.37}$$

図 2.24 にアナログテレビ信号の自己相関関数の測定例[24],[25]を示す。また，**図 2.25** にディジタル画像の自己共分散関数の測定例[26]を，**図 2.26** に 2 次元の自己共分散関数の測定例[26]を示す。

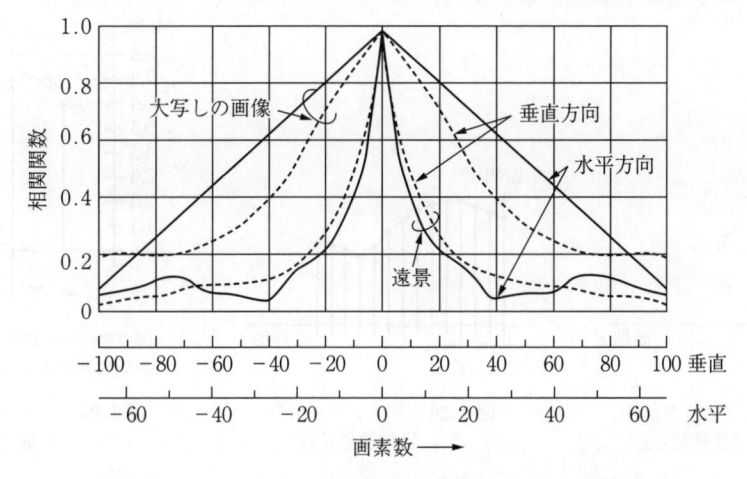

図 2.24 アナログテレビ信号の自己相関関数の測定例[24), 25)]

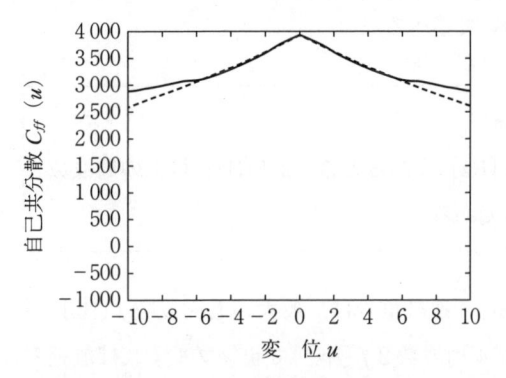

図 2.25 ディジタル画像の自己共分散関数の測定例[26)]

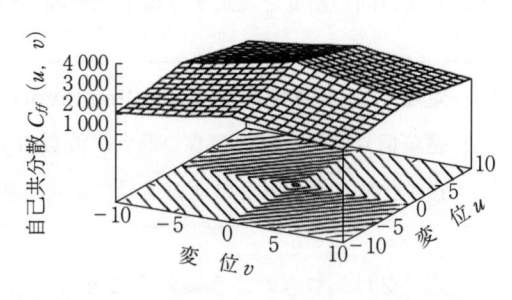

図 2.26 2次元自己共分散関数の測定例[26)]
式 (2.37) のモデル ($\rho=0.96$, $d=|u|+|v|$ の場合)

2.3.5 標本化定理, 解像度, 階調

画像・音声などの連続信号は, 離散的な信号に変換して, ディジタル信号処理が可能となる. この変換は, **A-D 変換器**（analog-digital converter, **アナログディジタル変換器**）により**アナログ信号**（連続信号）を**ディジタル信号**（離散的信号）にすることによってなされる. 離散的信号は時間方向に飛び飛びの信号にする**標本化**（sampling）と各標本の値を有限の bit 数のディジタル値にする**量子化**の二つの処理がある. **図 2.27** に入力したアナログ信号（連続信号）を, また**図 2.28** に, 回路に取り込まれたディジタル信号（離散信号）の例を示す. 図 2.28 では時間方向に間隔 T〔秒, s〕ごとに標本化されている. **図 2.29** にディジタル信号の量子化値を示す. これは図 2.28 の一部を縦の振幅方向に拡大したものである. 間隔 $\varDelta$ が一定の一様量子化の場合で, 入力信号に近い代表点 $n\varDelta$ に置き換えられている.

アナログ信号をディジタル化し, 信号処理を行い, 再度アナログ信号として表示すると

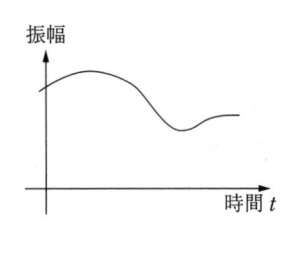

図 2.27 アナログ信号（連続信号）

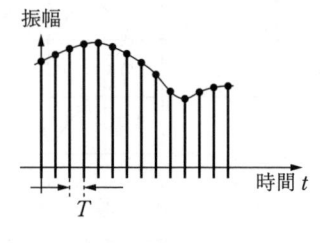

図 2.28 ディジタル信号（離散信号）

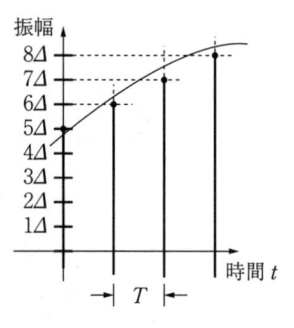

図 2.29 ディジタル信号の量子化値（図 2.28 の一部を縦の振幅方向に拡大した図）

き，その精度を規定するのが，標本化定理（サンプリング定理）と量子化精度である．まず，時間方向の精度を規定する標本化定理について述べる．

定理 2.2 標本化定理（sampling theorem）

連続信号はその信号がもつ最大周波数が f 〔Hz〕であるとき，$2f$ 〔Hz〕以上の周波数で標本化すれば，もとの連続信号に復元可能である．

定理 2.2 は，つぎのようにいうこともできる．「連続信号は，最大通過周波数 f 〔Hz〕の低域通過フィルタによって帯域制限し，サンプル周波数 $2f$ 〔Hz〕でサンプルすれば無歪みで復元できる．」

標本化定理は Shannon-染谷の標本化定理または Nyquist の定理とも呼ばれている[27),28)]。標本化定理の定式化を文献 27) を引用して説明する．

標本化定理の定式化

$|\omega| > W$ で $X(\omega) = 0$ ならば

$$x(t) = \sum_{n=-\infty}^{\infty} x(nT) \frac{\sin W(t-nT)}{W(t-nT)} \tag{2.38}$$

である．ただし，$T = 2\pi/(2W)$ は標本化間隔である．

【証明】 標本化定理の証明にはいくつかの例があるが，ここでは文献 27) と同様の手法を用いる．信号 $x(t)$ はフーリエ変換，逆変換可能な有限な関数とする．$X(\omega)$ を式 (2.39) のようにフーリエ級数展開する．

$$X(\omega) = \sum_{n=-\infty}^{\infty} X_n e^{-j(n\pi\omega)/W} \qquad (-W < |\omega| < W) \tag{2.39}$$

ただし，$$X_n = \frac{1}{2W}\int_{-W}^{W} X(\omega) e^{j(n\pi\omega)/W} d\omega \tag{2.40}$$

ここで，$|\omega| > W$ で $X(\omega) = 0$ であるので，フーリエ逆変換に形式をそろえ

$$X_n = \frac{2\pi}{2W}\frac{1}{2\pi}\int_{-\infty}^{\infty} X(\omega) e^{j(n\pi\omega)/W} d\omega$$

$$= \frac{\pi}{W} x(nT) \tag{2.41}$$

となる。これを式 (2.39) に代入すれば

$$X(\omega) = \begin{cases} \sum_{-\infty}^{\infty} \frac{\pi}{W} x(nT) e^{-j(n\pi\omega)/W} & |\omega| \leq W \\ 0 & |\omega| > W \end{cases} \tag{2.42}$$

となる。これを逆フーリエ変換すると

$$x(t) = \frac{1}{2\pi}\int_{-W}^{W} X(\omega) e^{j\omega t} d\omega$$

$$= \sum_{n=-\infty}^{\infty} x(nT) \frac{1}{2W}\int_{-W}^{W} e^{j(t-n\pi/W)\omega} d\omega$$

$$= \sum_{n=-\infty}^{\infty} x(nT) \frac{\sin W(t-nT)}{W(t-nT)} \tag{2.43}$$

となる（証明終わり）。

ここでは，$|\omega| = W$ の1点で $X(\omega)$ を0としていないが，$X(\omega)$ が有限の値ならば，1点の有無は積分値に変化を与えない。実際のフィルタ処理を考えると，$|\omega| = W$ を境として信号を急激に遮断し，$|\omega| > W$ で $X(\omega) = 0$ とすることは難しい。そこで，十分低域まで信号レベルを減少させ，$|\omega| > W$ では完全に $X(\omega) = 0$ となるようにしておかないといけない。

標本化定理は，信号 $x(t)$ が離散の標本値 $x(nT)$ の sin 重み付け和で表現できることを示し，重み付けの $W(t-nT)/\{W(t-nT)\}$ を標本化関数または sinc 関数と呼ぶ。図 2.30

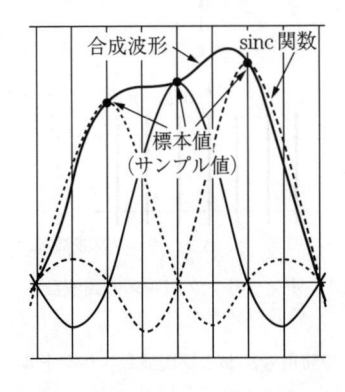

図 2.30 離散的標本値と sinc 関数による信号の合成

に離散的標本値と sinc 関数による信号の合成を示す。

標本化定理に関し，アナログ信号と標本化パルス時間信号および周波数スペクトルの関係を**図 2.31** に示す。図（a）のアナログ信号は $[-W, W]$ に帯域制限されているものとする。この周波数スペクトルは図（b）のようになっている。標本化されたディジタル信号〔図（c）〕はサンプリングパルス〔図（e）〕によって打ち抜かれた振幅値の集まりである。ディジタル信号の周波数スペクトル〔図（d）〕は $X(\omega)$ とサンプリングパルスの周波数スペクトル〔図（f）〕とのコンボリューション（合成積）である。$X(\omega)$ は図（d）の中心部のみを取り出したものである。

標本化定理の証明は，図（b）の $X(\omega)$ を逆フーリエ変換したものが，図（c）の離散値のみ用いて，図（a）の入力信号に一致することを示している。

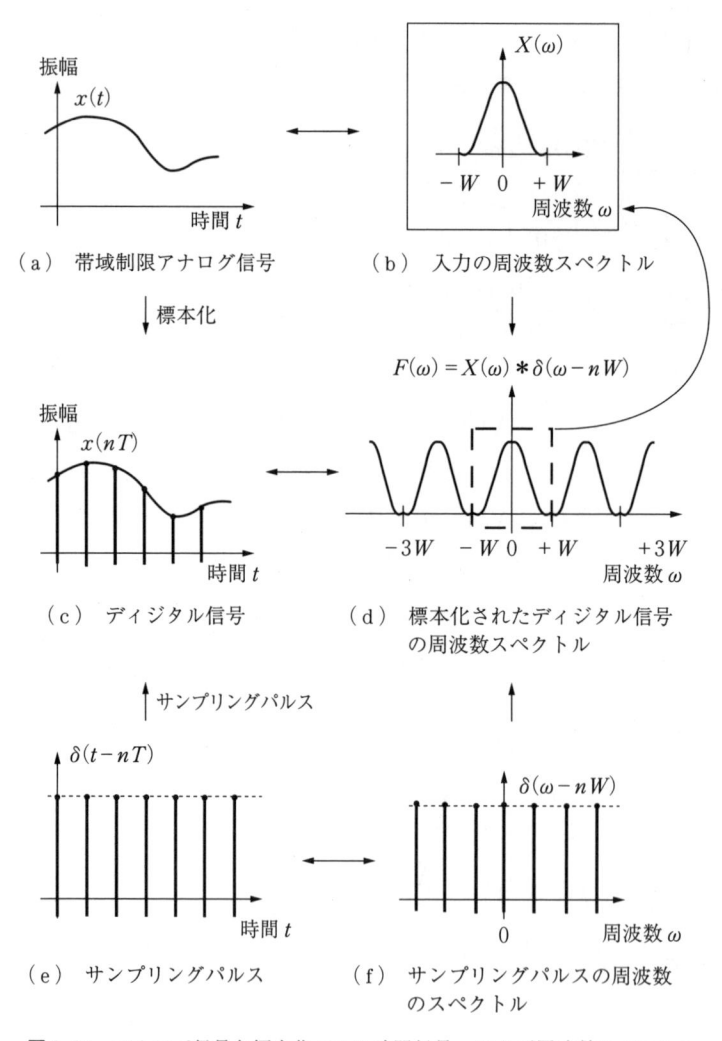

（a）帯域制限アナログ信号　　（b）入力の周波数スペクトル

$$F(\omega) = X(\omega) * \delta(\omega - nW)$$

（c）ディジタル信号　　（d）標本化されたディジタル信号の周波数スペクトル

（e）サンプリングパルス　　（f）サンプリングパルスの周波数のスペクトル

図 2.31 アナログ信号と標本化パルス時間信号，および周波数スペクトル

2.4 静止画像のフォーマット

1次元と2次元信号の復元の関係は文献29)などに解説されている。また，量子化幅とそれによる精度の劣化の関係は，4.2.5項に述べられる。

2.4 静止画像のフォーマット

画像データは信号の強さを数字で表した値（輝度値）を配置したものであるが，使用目的によって，並べる順序や，付加情報をヘッダ部分として追加する場合の形式が異なる。したがって，多数の形式（フォーマット）が存在するが，使用される割合の多いものをあげる。画像フォーマットは通常，ファイル名の後のドットに3文字（時に4文字）の拡張子を付けて識別している。画像をコンピュータに読み込むとき，ヘッダの構造や，データの並び方を知る必要があり，画像のフォーマットを知ることはたいへん重要なことである。

静止画像では，ppm（非圧縮），bmp（通常非圧縮），png（可逆圧縮），gif（圧縮），jpg（圧縮），j2k（圧縮，可逆圧縮）を動画像では，avi（通常非圧縮），mpg（圧縮），mov（圧縮）などがある[30)〜32)]。ここでは，静止画のフォーマットのうち可逆なデータ再生ができる3種について説明する。

2.4.1 ポータブルピクセルマップ形式

ppm（portable pixel map，ポータブルピクセルマップ）は，UNIX系でよく使用される画像フォーマットである。フルカラー画像を表せ，ppmのほかに，白黒グレースケール8bitの**pgm**（portable graymap），1bitを表す**pbm**（portable bitmap）がある。ヘッダ後の画像

表2.9 ppmファイルフォーマットの例（バイナリ，生，RAW形式の場合）

ヘッダ部分	マジックナンバー		P6	P6 50, 36 (HEX)	ASCIIコードで2 byte
	コメントなど	空白類 [null (0a) または#でコメントを入れnull (0a) で終了]		23…0a	任意数 byte (1 byte 以上)
	画像横幅		Width	例：720画素 37, 32, 30 (HEX)	ASCII 3 byte
			空白類	0a	ASCII 1 byte
	画像の高さ		Height	例：480画素 34, 38, 30	ASCII 3 byte
			空白類	0a	ASCII 1 byte
	レベルの最大値		Max	例：255種 32, 35, 35	ASCII 3 byte
			空白類	0a	ASCII 1 byte
画像値（赤，緑，青）				1c0b0…	バイナリで$3n$ [byte]

データをバイナリ形式にしたマジックナンバーが P6 のものが好ましいが，データを ASCII コードで表したマジックナンバーが P3 の冗長な形式もある．また，pgm は P5（P2），pbm は P4（P1）がマジックナンバーとなる．表 2.9 に ppm ファイルフォーマットの例を示す．表に示すように，ヘッダは ASCII コードで表現されている．また，ヘッダ部はサイズデータやコメント文で可変の長さになる．

2.4.2 ビットマップ形式

ビットマップとは，画像データを表す広義の用語として使われてきたが，拡張子 bmp の画像形式はマイクロソフト Windows Bitmap 形式と，OS/2 Bitmap 形式がある．以下，Windows bmp 形式について述べる．bmp ファイルは 54 byte の長いヘッダを有する．また，カラーパレットを埋め込んだ形式も含み，種類は多い．1 画素当り 1/4/8/24 bit の画像データ表現が存在する．24 bit 形式はヘッダ 54 byte に BGR データが続く．8 bit 形式は 54 byte のヘッダに BGR データと 256 色のパレットとして 1 000 byte のデータが加わる．表 2.10 に bmp のフォーマットを示す．

表 2.10　bmp のフォーマット

アドレス（10 進数）	byte 数	内容
bitmap infp 0000	2	"BM" の 2 文字（ASCII コード，BMP ファイルの識別子），424D（HEX）
0002	4	bmp ファイルサイズ，バイト数（long int）
0006	2	予約（＝0）
0008	2	予約（＝0）
0010	4	画像データ本体へのオフセット（long int） 12：以下のヘッダサイズ（OS2）全長 26 40：以下のヘッダサイズ（Windows 通常）全長 54 84/100：その他
Presentation Manager (OS/2 1.x) Information 0014	4	残りのヘッダサイズ（long int） 12：（OS2 のヘッダ） 40：（Windows のヘッダ：通常） 108：その他
0018	4	画像の横ピクセル数
0022	4	画像の縦ピクセル数：正数なら，画像データは下から上へ
0026	2	プレーン（レイヤー）の数（short int） 1：通常
0028	2	BPP（Bit per Pixel）（1，4，8，24，32）
Windows 3.x Information 0030	4	圧縮モード（long int） 0：無圧縮のベタデータ 1：RLE8 2：RLE4 3：ビットフィールド

表 2.10 （つづき）

0034	4	データ本体の長さ（long int）(including padding)
0038	4	X 方向（横）の解像度（Pixel per Meter, long int）
0042	4	Y 方向（縦）の解像度（Pixel per Meter, long int）
0046	4	パレットの数（long int） 0：BPP で表される MAX の色数（例：24 bpp なら 16 M 色） それ以外：実際のパレット数（例：256 など）
0050	4	重要なパレットの数（long int）
0054		データの本体：パレット（ない場合もある）＋画像データ
画像データ		BGR 順（バイナリ）

画像データは縦ピクセル数が正数の場合，左下端から右へ進み，ライン単位に順に上に向かって記録していく（このとき，[BITMAPINFOHEADER]（または[BITMAPCOREHEADER]）の Height の値が正数となる）．

2.4.3　ピング形式[32]

ピング形式（png） は Portable Network Graphics の略で，GIF の特許回避のために開発されたフォーマットともいわれ，可逆圧縮により，画質劣化がないうえ，ファイルサイズは小さくなる．**図 2.32** に png のファイル構造を，**表 2.11** に png フォーマット（Version 1.0）を示す．識別部に続き，本体部は，チャンクと呼ぶブロックからなる．各チャンクは，データ長，名称（タイプ），データ，CRC の 4 部からなる．本体部はヘッダチャンク（IHDR）に始まり，補助チャンク，パレット IPLT，画像データ部である IDAT などがあり，最後は，最終チャンク IEND で終了する．

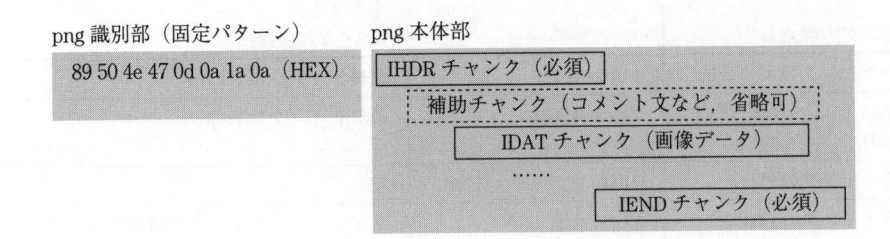

png 識別部（固定パターン）　　png 本体部
89 50 4e 47 0d 0a 1a 0a（HEX）
　　　　　　　　　　　　　　IHDR チャンク（必須）
　　　　　　　　　　　　　　補助チャンク（コメント文など，省略可）
　　　　　　　　　　　　　　IDAT チャンク（画像データ）
　　　　　　　　　　　　　　……
　　　　　　　　　　　　　　IEND チャンク（必須）

図 2.32　png ファイル構造

表 2.11　png フォーマット（Version 1.0）

データ値：16 進数（10 進数）	byte 数	内　　容
		（1）**png 識別部**
0x89（137）	1 byte ASCII	png ファイルシグネチャ（全 8 byte）89
0x50（80）	1 byte ASCII	p
0x4E（78）	1 byte ASCII	n
0x47（71）	1 byte ASCII	g

表 2.11 （つづき）

0x0D（13）	1 byte ASCII	CR（carriage return）
0x0A（10）	1 byte ASCII	LF（¥n line field）
0x1A（26）	1 byte ASCII	SUB
0x0A（10）	1 byte ASCII	LF
		（2）**本体部**：複数のチャンクからなる。
データ長 0x0D	4 byte 整数	チャンク1のデータ長とは，タイプの後からCRCの前までの長さをいう。IHDRは（0x0D，固定の13 byte）
0x49, 0x48, 0x44, 0x52（IHDR）	4 byte ASCII	チャンク1の名称：タイプ IHDR：イメージヘッダのチャンク （第1にある必須のチャンク）
チャンク1のデータ イメージの幅 イメージの高さ ビットの深さ カラータイプ 圧縮方式 フィルタ方式 インターレース方式	データ長に示す byte 数 4 byte 整数 4 byte 整数 1 byte 整数 1 byte 整数 1 byte 整数 1 byte 整数 1 byte 整数	（13 byte） 1, 2, 4, 8, 16 bit/サンプル 0（グレー），2（カラー），3, 4, 6 "0"（5種類のフィルタ） "0"（32Kスライドの圧縮） 0＝インターレースしない。 1＝Adam 7インターレース
チャンク1のCRC	4 byte 2進	タイプコードとデータ領域を含み，データ長を含まない。
チャンク2のデータ長	4 byte 整数	**チャンク2**
チャンク2の名称	4 byte ASCII	基本チャンク PLTE, IDAT, 補助チャンク cHRM, gAMA, sBIT, bKGD, hIST, tRNS, pHYs, tIME, tEXt, zTXt がある。
チャンク2のデータ	（データ長に示す byte 数）整数	
チャンク2のCRC	4 byte 2進	タイプコードとデータ領域を含み，データ長を含まない。
チャンクの繰返し		IDAT などの繰返し
最終チャンクのデータ長	4 byte 整数	**最終チャンク**は0 byte
0x49, 0x45, 0x4E, 0x44（IEND）	4 byte ASCII	最終チャンクの名称
最終チャンクのデータ	0 byte	空
最終チャンクのCRC	4 byte 2進	タイプコードとデータ領域を含み，データ長を含まない。

（注） png の著作権について
COPYRIGHT NOTICE
Copyright © 1996 by：Massachusetts Institute of Technology（MIT）

This W3C specification is being provided by the copyright holders under the following license. By obtaining, using and/or copying this specification, you agree that you have read, understood, and will comply with the following terms and conditions：
Permission to use, copy, and distribute this specification for any purpose and without fee or royalty is hereby granted, provided that the full text of this NOTICE appears on ALL copies of the specification or portions thereof, including modifications, that you make.

2.4 静止画像のフォーマット

表 2.11 の（注）（つづき）

THIS SPECIFICATION IS PROVIDED "AS IS," AND COPYRIGHT HOLDERS MAKE NO REPRESENTATIONS OR WARRANTIES, EXPRESS OR IMPLIED. BY WAY OF EXAMPLE, BUT NOT LIMITATION, COPYRIGHT HOLDERS MAKE NO REPRESENTATIONS OR WARRANTIES OF MERCHANTABILITY OR FITNESS FOR ANY PARTICULAR PURPOSE OR THAT THE USE OF THE SPECIFICATION WILL NOT INFRINGE ANY THIRD PARTY PATENTS, COPYRIGHTS, TRADEMARKS OR OTHER RIGHTS. COPYRIGHT HOLDERS WILL BEAR NO LIABILITY FOR ANY USE OF THIS SPECIFICATION.

The name and trademarks of copyright holders may NOT be used in advertising or publicity pertaining to the specification without specific, written prior permission. Title to copyright in this specification and any associated documentation will at all times remain with copyright holders.

表 2.12 に 4×4 画素の画像 red.ppm のデータ分析結果を示し，ASCII データについては，その値を付して示す．表 2.13 に 4×4 画素の画像 red.png のデータ分析結果を示す．

表 2.12 4×4 画素の画像 red.ppm のデータ分析結果

データ値 (HEX)	50	36	0a	34	20	34	0a	32	35	35	0a	da	08	2b	da	08
意　味	P	6	nl	4	sp	4	nl	2	5	5	nl	R0	G0	B0	R1	G1
データ値	2b	da	08	2b	da	08	2b	da	08	2b	da	08	2b	da	08	2b
意　味	B1	R2	G2	B2	R3	G3	B3	R4	G4	B4	R5	G5	B5	R6	G6	B6
データ値 (HEX)	da	08	2b	da	08	2b	da	08	2b	da	08	2b	da	08	2b	da
意　味	R7	G7	B7	R8	G8	B8	R9	G9	B9	R01	G10	B10	R11	G11	B11	R12
データ値 (HEX)	08	2b	da	08	2b	da	08	2b	da	08	2b					
意　味	G12	B12	R13	G13	B13	R14	G14	B14	R15	G15	B15					

（注）画像データは R=da (234)，G=08 (8)，B=2b (43) の繰返し．

表 2.13 4×4 画素の画像 red.png のデータ分析結果

データ (HEX)	89	50	4e	47	0d	0a	1a	0a	00	00	00	0d	49	48	44	52
意　味	137	P	N	G	cr	lf	sub	lf	データ長 13B				I	H	D	R
データ値	0	0	0	4	0	0	0	4	8	2	0	0	0	26	93	09
意　味	画像幅				画像高さ				深	色	圧	Fil	Ir	CRC		
データ値	29	0	0	0	28	74	45	58	74	43	72	65	61	74	69	6f
意　味	CRC	データ長 40B				t	E	X	t	C	r	e	a	t	i	o
データ値	6e	20	54	69	6d	65	00	93	fa	20	36	20	32	20	32	30
意　味	n	sp	T	i	m	e	0	93	fa	sp	6	sp	2	sp	2	0
データ値	30	35	20	32	32	3a	33	39	3a	30	35	20	2b	30	39	30
意　味	0	5	sp	2	2	:	3	9	:	0	5	sp	+	0	9	0
データ値	30	e0	d2	4c	01	00	00	00	07	74	49	4d	45	07	d5	02
意　味	0	CRC				データ長 7B				t	I	M	E	7	d5	02
データ値	06	0d	28	0c	8d	bf	5a	52	00	00	00	09	70	48	59	73
意　味					CRC				データ長 9B				p	H	Y	s
データ値	00	00	1e	1c	00	00	1e	c1	01	c3	69	54	53	00	00	00
意　味									CRC				4 byte			

表 2.13 （つづき）

データ値	04	67	41	4d	41	00	00	b1	8f	0b	fc	61	05	00	00	00
意味		g	A	M	A	0	0		CRC				20 byte			
データ値	14	49	44	41	54	78	da	63	bc	c5	a1	cd	00	03	4c	0c
意味		I	D	A	T			画像データ，可逆圧縮								
データ値	48	00	37	07	00	36	3d	01	15	78	58	45	2a	00	00	00
意味									CRC				0 byte			
データ値	00	49	45	4e	44	ae	42	60	82							
意味		I	E	N	D	CRC										

（注）
第1チャンク：データ長13 byte，名称 IHDR，必須第1チャンク
第2チャンク：データ長40 byte，名称 tEXt テキストデータ（補助チャンク＝不要）小文字開始は補助チャンク
第3チャンク：データ長7 byte，名称 tIME イメージの最終更新日時，補助チャンク
第4チャンク：データ長9 byte，名称 pHYs 物理的なピクセルサイズ，補助チャンク
第5チャンク：データ長4 byte，名称 gAMA イメージガンマ，補助チャンク
第6チャンク：データ長20 byte 名称 IDAT，画像データ（RGB データ 4×4 画素：48 byte を 20 byte に可逆圧縮）圧縮フォーマットと圧縮アルゴリズムは RFC-1950/51 を参照
第7チャンク：データ長0 byte 名称 IEND，終了チャンク

演 習 問 題

(1) 天気に関する**表 2.14**に示すような発生確率をもつ事象がある。
　① A, B 行は，東京と埼玉の確率事象であるが，単独のエントロピー $H(A)$, $H(B)$ を求めよ。
　② C 行は東京の天気を事前事象とした，埼玉の天気の条件付き確率であるが，$H(B|A)$ を求めよ。
　③ 以上より相互情報量 $I(B|A)$ を求めよ。

表 2.14　天気に関する事象の発生確率の例

		晴			曇り			雨		
A	東京	0.6			0.3			0.1		
B	埼玉	0.5			0.35			0.15		
C	埼玉	晴	曇り	雨	晴	曇り	雨	晴	曇り	雨
		0.834	0.083	0.083	0	1.0	0	0	0	1.0

(2) 鋸歯状波関数のフーリエ級数展開式 (2.16) を導出せよ。また，有限個の級数の近似和を図示してみよ。
(3) 二つの振動数の近い信号を加えると周波数の差の成分が現れ，うなり（音の場合），

またはビート（画像の場合）と呼ばれる。NTSC の色副搬送波と音声副搬送波のビート周波数を求めよ。

（4） あるアナログ信号 $x(t)$ のもつ帯域幅が 20 000 Hz であるとき，このアナログ信号をディジタル信号にして，歪みなく再びアナログ信号に戻すために必要なサンプリング周波数は何 Hz より大であるか求めよ。

（5） あるアナログ信号 $x(t)$ のもつ帯域幅が不明であるとき，このアナログ信号をサンプリング周波数 10 MHz でディジタル信号にして，ひずみなく再びアナログ信号に戻すためには，サンプル前にどのようなアナログ信号処理を施せばよいか。

（6） 式 (2.22) において，$N=4$ を代入して，1 次元の 4 点フーリエ変換を作成せよ。

（7） （6）の問題を 2 次元に拡張し，4×4 の画像行列に対し 2 次元のフーリエ変換を行列積の形で示せ。

（8） 画像信号から 1 画素 8 bit のモノクロ信号をつくり，その輝度（0～255 の整数）の発生頻度表をつくり，そのエントロピーを求めよ。

（9） 小サイズの bmp および ppm 画像をつくり，ダンプコマンドで内容を調べてみよ。

3. 画像の解析・認識技術

画像の解析・認識技術には，前処理，認識の要素技術，目的ごとに依存，条件に依存した解析や特徴抽出，応用に対する総合技術，複数の特徴抽出などの組合せとしての認識，意味抽出を含む認識としての理解，さらには高度で多数の理解技術を統合し，学習や進化向上もする人工知能まで高度な階層がある。本書では，認識技術の入門段階の確定的な特徴抽出のいくつかを取り上げる。

以下，解析のための前処理，解析・特徴抽出として代表的な方式について述べる。

3.1 画像認識技術について[33]

画像データから物体形状や意味のある動作の情報を取り出すことは，一般的には，解決が難しい問題である。対象をあらかじめ限定したり，データ取得時に特別な処理が加えられているときに，ある目的に対しては，実用化されている技術として，手書き郵便番号読取り装置，**光学的文字認識装置**（optical character reader：**OCR**），登録者の指紋や虹彩，顔画像の認識などがある。

画像認識の構成を，かりに図3.1に示す形に分けて考えることにする。雑音除去，輝度の補正，幾何学的補正などの前処理に続き，差分，平均，分散，エッジ検出，領域分割などの確定的な特徴データを求めることを，特徴抽出などと呼ぶ。複数の特徴抽出技術を組み合わせて，複雑な結果を得たり，ある識別機能を達成しているときに，画像認識と呼ぶ。どちらも，処理自体は決定論的な手続きを繰り返しているので，両者の厳密な区別は曖昧である。開発者の主観や動作速度によっても異なるときがある。画像認識は画像からあることがらを見いだすという深い意味であるが，その要素となる動作を確定的に述べると，パターン

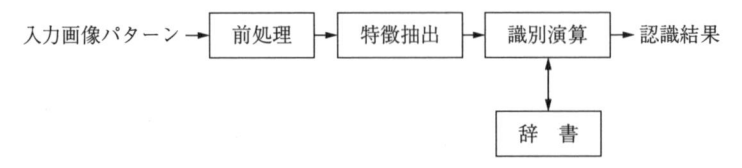

入力画像パターン → 前処理 → 特徴抽出 → 識別演算 → 認識結果
　　　　　　　　　　　　　　　　　　　　　　↕
　　　　　　　　　　　　　　　　　　　　　辞書

図3.1　パターン認識の構成

認識という言い方になる。

パターン認識技術は，統計的な手法のほかに構造的な手法により行う考えがある。統計的手法とされるものに，テンプレートパターンマッチング，識別関数を用いる方式，ベイズ決定法による最尤推定法，主成分分析，K-平均などの領域分割，DPマッチング，階層的マッチング，エネルギー最小化法（snakes）などがある。距離を用いる方式においては，ユークリッド距離に加えマハラノビス距離も使用される。

構造的手法には，構文解析的手法があり，種々の特徴を木構造に分類していく方式，オートマトンを構成して言語として判別を行う方式などがある。立体物の前後関係など判定には，構文的な解析が必要となる。

個別の特徴抽出や識別に対し，それらを統合して高次元から低次元の結果までを得る部分空間法，テスト画像（教師画像）を与えて識別力を向上させる各種学習法などもある。ニューロラルネットワーク（神経回路網）法は生物の神経構造を模擬して構成されたものであるが，基本的には区分的線形変換と等価であり[33]，大量のデータを低次元に射影できるため，識別可能なデータを効率的に分類できることがある。

3.2 画像解析の前処理

画像解析の前処理として，画像に含まれる雑音の除去，拡大縮小，ディジタルフィルタ，情報量の削減により，処理しやすい画像に変換する典型例としての2値化，画像特徴の強調，劣化の復元などがある。

3.2.1 雑音の除去

入力された画像には，画像とは異なる不要な雑音成分が混入していることが多い。画像信号と明らかに異なる形の雑音は機械的な処理により低減させることができる。そのような雑音の例として孤立点がある。孤立点の除去は，信号の平滑化やメジアンフィルタなどのような孤立点を除去する特殊なフィルタによりなされる。

〔1〕平滑化　孤立点に象徴される雑音は，局所的な平滑化により除去ないしは低減される。処理対象とする画素に加え，周囲8画素を含めた9画素から処理結果を定義し，対象画素値を置き換えていく。図3.2に，（a）対象画素Xの近傍，および（b）平滑化演算の3種類の重み付け例を示す。画素値の配列を$g(i, j)$，フィルタ係数を$h(i, j)$とすると，処理結果$\hat{g}(i, j)$は

$$\hat{g}(i, j) = \sum_{k=-1}^{1} \sum_{l=-1}^{1} g(i+k, j+l) h(k, l) \tag{3.1}$$

$(i-1, j-1)$	$(i, j-1)$	$(i+1, j-1)$
$(i-1, j)$	(i, j)	$(i+1, j)$
$(i-1, j+1)$	$(i, j+1)$	$(i+1, j+1)$

（a）対象画素 X の近傍

h_0:
1/9	1/9	1/9
1/9	1/9	1/9
1/9	1/9	1/9

h_1:
1/16	2/16	1/16
2/16	4/16	2/16
1/16	2/16	1/16

h_2:
0	1/5	0
1/5	1/5	1/5
0	1/5	0

（b）平滑化演算の重み付け例

図3.2 対象画素 X の近傍，および3種類の平滑化重み付け例

と表される。

〔2〕 **メジアンフィルタ**（**median filter**）　画素を囲む局所領域のデータを大小順に並べ，その**中央値**（median）を新たな画素値に置き換える処理を行う。スパイク状のノイズのみを除去し，エッジを保存する性質を有する。**図3.3**に3×3画素の局所領域を3画素分連続してとった場合のメジアンフィルタ例を示す。大小順に並べたデータの中央（5番目）のデータは90，100，120であるので，それらの値に置き換える。一時的なノイズ値255は除去される。

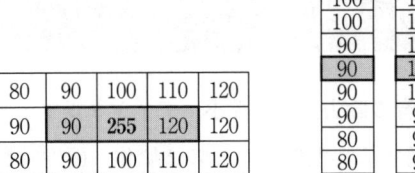

（a）原　画　像　　（b）大小順データと中央値　　（c）メジアンフィルタ出力

図3.3 3×3画素の局所領域を3画素分連続してとった場合のメジアンフィルタの例

〔3〕 **エッジ保存平滑化フィルタ**（**edge preserving smoothing filter**）　**図3.4**にエッジ保存平滑化フィルタのサブ領域を示す。図のように5×5画素の局所領域に9個のサブ領域を設け，各サブ領域のうち分散が最小となるサブ領域を選び，平滑化処理を行う。平滑化は，（1）～（8）のサブ領域の場合は，7個のサブ領域内の画素の総和の1/7，（9）のサブ領域の場合は，9個の画素の総和の1/9に置き換える処理を行う。サブ領域（1）に対し，（2）～（8）は各45°ずつ左に回転した形になっている。このフィルタは処理量は多いが，エッジ情報を保存する効果と，平滑化効果が高いとされている。

図3.5にフィルタ処理の例を示す。図（a）～（c）に360×256画素のものを，また，それぞれの図を拡大したものを図（d）～（f）に示す。ランダムノイズ2％が加わった画像に平滑化フィルタを施すと，ノイズの痕が残っているが，メジアンフィルタでは，きれいに除去されているのがわかる。

3.2 画像解析の前処理

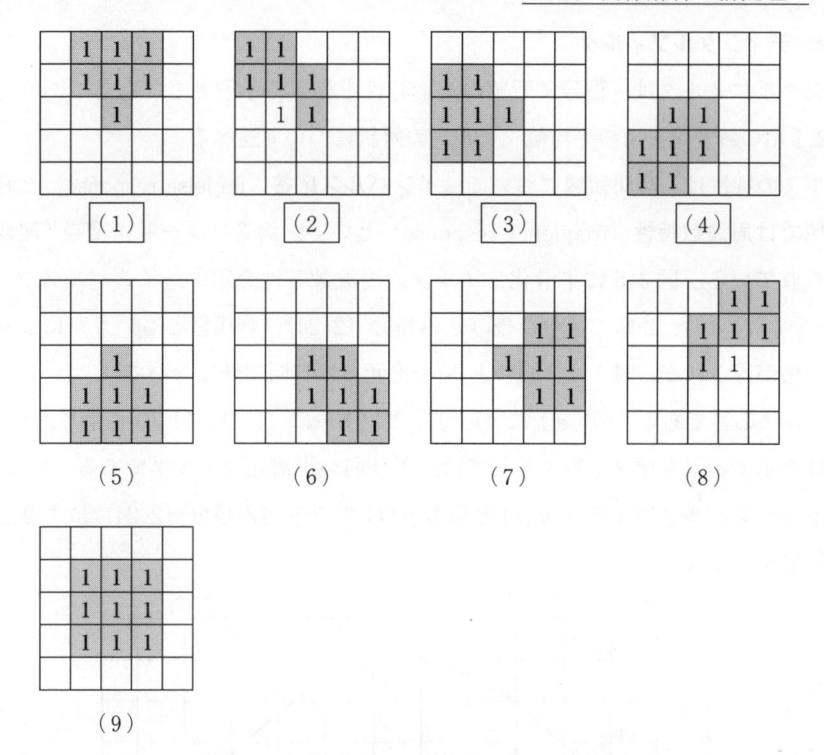

図3.4 エッジ保存平滑化フィルタのサブ領域

（a）ランダムノイズ2％付加　　（b）3×3平均値フィルタ　　（c）3×3メジアンフィルタ

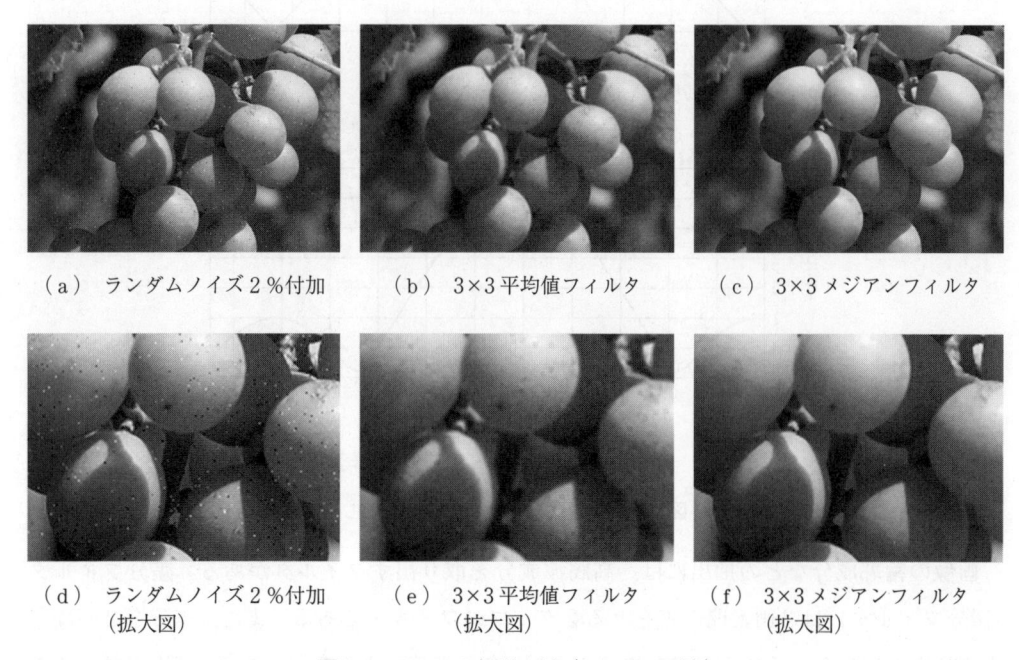

（d）ランダムノイズ2％付加　　（e）3×3平均値フィルタ　　（f）3×3メジアンフィルタ
　　　（拡大図）　　　　　　　　　　　（拡大図）　　　　　　　　　　（拡大図）

図3.5 フィルタ処理の例（360×256画素）

3.2.2 ディジタルフィルタ

ディジタルフィルタは，信号に所望の波形特性を与える手段として有効である。ここでは，3.2.1項の雑音除去用の平均値フィルタの解釈について述べる[33]。

フィルタの特性は，時間領域においては**インパルス応答**（impulse response）と呼び，周波数領域では**周波数特性**（frequency response）といい，両者はフーリエ変換/逆変換で対応付けられている。図3.6に平滑化フィルタの周波数特性を示す。インパルスフィルタ$h(t)$と信号$g(t)$とは，2章で示した畳み込み積分（2.24）（合成積ともいう）によりフィルタ処理結果が得られる。例えば，図のh_0は1次元では時間領域においては（1, 1, 1）というインパルス応答である。図（a）に（1, 1），図（b）に（1, 1, 1）の平滑化フィルタの周波数特性を示す。平滑化フィルタとしては，より弱い平滑化フィルタである（1, 2, 1）の形もある。インパルスフィルタ$h(t)$と信号$g(t)$の畳み込み積分（2.24）により，フィルタ処理結果が得られる。

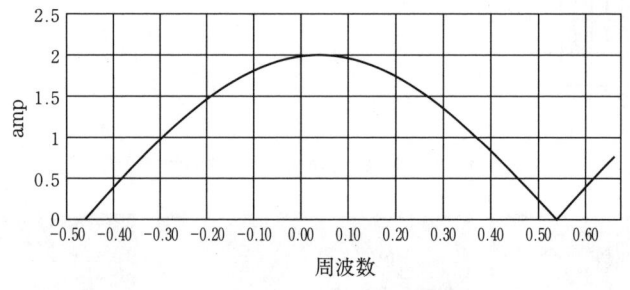

（a）（1, 1）の周波数特性

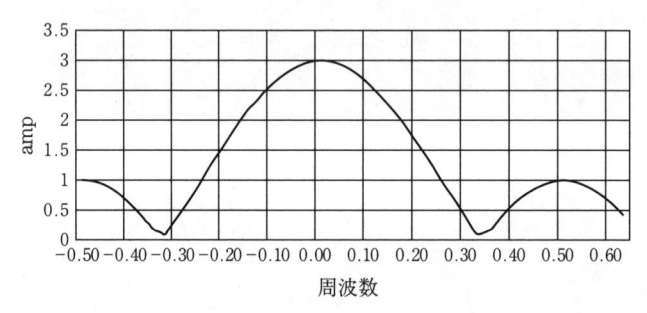

（b）（1, 1, 1）の周波数特性

図3.6 平滑化フィルタの周波数特性

画像の輪郭成分などの抽出には，高周波成分を取り出すフィルタがある。差分フィルタ（微分フィルタ）は2画素間の差をとる2タップのフィルタである。また，差分を2回繰り返す2次差分であるラプラシアンフィルタは，0と交差する点を用いたり，2次の傾斜を抽出する効果などがある。

① 1次元2タップ1次差分フィルタ＝ −1, 1

② 1次元3タップ2次差分フィルタ（ラプラシアンフィルタ）＝－1, 2, －1

2次差分の離散化した係数は水平, 垂直それぞれ

$$f_{\nabla 2, xx} = [-1, 2, -1], \quad f_{\nabla 2, yy} = \begin{bmatrix} -1 \\ 2 \\ -1 \end{bmatrix} \tag{3.2}$$

となる。2次元のラプラシアンフィルタは**図3.7**のように定義されている。水平方向と垂直方向に1次元の2次差分フィルタを独立に適用すると

$$\nabla^2 f(x, y) = f_{\nabla 2, xx} + f_{\nabla 2, yy} \tag{3.3}$$

から, 水平・垂直の特性の積になる。この特性を離散係数で計算すると, **図3.8**のような形になる。

0	-1	0
-1	4	-1
0	-1	0

1	-2	1
-2	4	-2
1	-2	1

図3.7　2次元ラプラシアンフィルタ　　　図3.8　2次元 差分フィルタ

3.2.3　2 値 化 処 理

通常, 輝度が8bitで表された画像を, 1bitの2値画像にすることを2値化処理（binarization, thresholding, two-level quantization）という。2値化は情報の大幅な削減であるが, 画像の解析や認識の前処理として, 対象物の形状を切り出すための重要な手法である[34), 35)]。2値化画像があれば, 形状の判定をしたり, 処理範囲を限定するマスク処理を行うことができる。適切なしきい（閾）値で2値化して対象物体を切り出すことは, 一般的には難しい処理で多数の研究がなされている。

〔1〕　**固定しきい値処理**　　ある輝度値 T をしきい値として画素を0か1に変換する処理で, しきい値 T が固定の場合を**固定しきい値処理**（single level thresholding）, または単に**しきい値処理**という。具体的には, 8bitの多値画像を $g^8(i, j)$, 2値化された2値画像を $g^2(i, j)$ と表記すれば

$$g^2(i, j) = \begin{cases} 1 & (g^8(i, j) > T) \\ 0 & (g^8(i, j) \leq T) \end{cases} \tag{3.4}$$

となる。しきい値は例えば, $T = 128$ などとする。

　対象物と背景とのコントラストが大きく, 輝度の分布が正規化されている理想的な場合は, あらかじめ定めた固定のしきい値で2値化が成功するが, 一般には, 対象物と背景の輝度が近くなりコントラストが小さい場合も多い。そのような場合は, 画像ごとに可変のしき

い値を算出する必要がある。そのなかで，自動的にしきい値を定める手法を以下に示す。

〔2〕 **P-タイル法**　画像内で対象物の占める面積の割合を P〔%〕と仮定し，輝度のヒストグラムから対象物が P〔%〕になるようにしきい値を設定する方式を**P-タイル法**（P-tile method）という。これは，対象物の占める面積比率が既知であることが前提である。

〔3〕 **モード法**　均一な背景とそれと輝度差のある対象物がある場合は，輝度のヒストグラムは，**図 3.9** や**図 3.10** のように二つの山をもつ双峰形となる。ヒストグラムのピークを探索し，上位 2 個を求め，その間にある最小の輝度値をしきい値とすればよい。このようなヒストグラムの最頻値とそのつぎの値を与える輝度値からしきい値を求める方法を**モード法**（mode method）という。図 3.9 のように明暗が分かれている場合は，固定のしきい値 128 により 2 値化すればよいが，図 3.10 のように，明るいほうに偏っている場合は，双峰性を仮定してしきい値を求め，2 値化する必要がある。

図 3.11 に矩形画像例と，その 2 値化の処理例を示す。画像はおもに 2 種の明るさの領域からできているが，雑音が加わっている。画像 1 はしきい値 128 でほぼ完全に 2 個の領域に

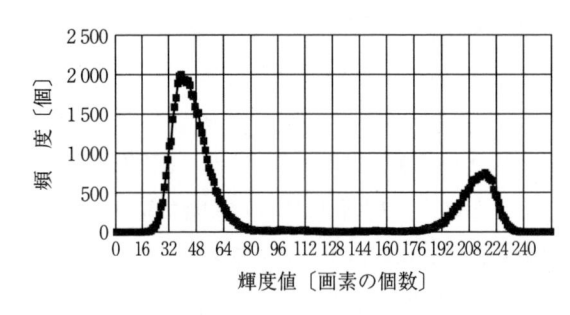

図 3.9　画像 1 のヒストグラム 1

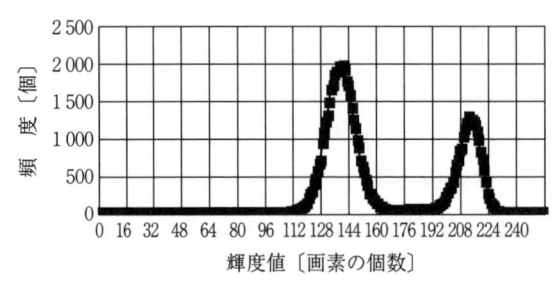

図 3.10　画像 2 のヒストグラム 2

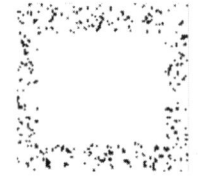

（a）　画像 1（左）とその 2 値化後（右）　　　（b）　画像 2（左）とその 2 値化後（右）

（a），（b）ともに固定のしきい値 128 により 2 値化している。

図 3.11　矩形画像例と，その 2 値化の処理例

分離されている.画像2は128より大きいデータが多く,128のレベルで分離すると,外側の領域に分離できなかった画素値が多く現れている.

〔4〕 **差分ヒストグラム(微分ヒストグラム)**　ヒストグラムは必ずしも双峰形になるとは限らず,光線の強弱などで多峰的になり,また,他の背景成分や注目しない物体などの影響で対象物の輝度値発生頻度が相対的に少なくなることも多い.**差分ヒストグラム法**(微分ヒストグラム法ともいう)(differential histogram method)は差分の絶対値の大きい画素に着目し,物体と背景の境界付近では,差分の絶対値が大きくなっていることに基づいている.具体的には,差分の絶対値の大きい画素値をしきい値に設定する.しかし,差分の絶対値の大小はサンプル密度により異なるため確定的でない.そこでさらに,境界領域は物体と背景のどちらにも属さない曖昧な部分であり,双峰性を妨げていると考え,その遷移領域である差分の大きい画素を除いた画素についてのヒストグラムをつくり,双峰性を強化しようとする方法もある[29].

〔5〕 **ラプラシアンヒストグラム**　原画像のラプラシアンを求め,その絶対値が大きい画素に着目する.ラプラシアンは2次微分であるため,変化の大きい直線的な傾斜(2次微分が0)の領域よりも,その立上がりや収束領域において絶対値が大きくなり,エッジの下部・上部を検出できることになる.具体的には,ラプラシアンを求め,その絶対値が大きい画素のみを取り出してヒストグラムを調べ,その双峰性を利用する.〔4〕の差分ヒストグラムの最後の方式では変化の遷移状態を除いたすべてを対象としているのに対応して,変化前と変化後という対象物周辺のみの2種の輝度を取り出せるという考えに基づいている.

〔6〕 **判別分析法**　ヒストグラムをあるしきい値Tで2個のクラスに分割したとき,クラス間の分散が最大になるようにしきい値Tを決定する方式を**判別分析法**(discriminant criteria thresholding)[36]という.このため,クラス間分散とクラス内分散を式(3.5),(3.6)のように定義し,その比が最大になるしきい値を求めていく.0〜$L-1$間での輝度値をしきい値Tで2クラスに分割し,その個数をそれぞれn_k,平均をμ_0,μ_1,全体の平均をμ_Tとすると,クラス間分散は

$$\sigma_B^2(T) = \frac{\sum_{k=0}^{T-1} n_k(\mu_0 - \mu_T)^2 + \sum_{k=T}^{L-1} n_k(\mu_1 - \mu_T)^2}{\sum_{k=0}^{L-1} n_k} \tag{3.5}$$

となる.また,クラス内分散は

$$\sigma_W^2(T) = \frac{\sum_{k=0}^{T-1} n_k(k - \mu_0)^2 + \sum_{k=T}^{L-1} n_k(k - \mu_1)^2}{\sum_{k=0}^{L-1} n_k} \tag{3.6}$$

60   3. 画像の解析・認識技術

となる。また，全体の分散である σ^2 は両者の和

$$\sigma^2 = \sigma_B^2(T) + \sigma_W^2(T) \tag{3.7}$$

となっている。このとき，分散比

$$F(T) = \frac{\sigma_B^2(T)}{\sigma_W^2(T)} \tag{3.8}$$

を最大にするしきい値 T を反復的に求めていく。分布の形を正規分布と仮定した解析については別途検討されている。

図3.12 に画像例と2値化処理の例を示す。図（a），（c），（e），（g）は対象物を撮影した画像で，図（b），（d），（f），（h）〜（j）にしきい値を変えて2値化した例を示す。図（a）をしきい値128で2値化したのが図（b）である。図（c）〜（f）は各110，90で2値化した場合で，画像の明るさによって調節した結果で選んである。図（g）の例では対象物のサクランボと背景の葉の輝度が類似しているため，しきい値を図（h）〜（j）のように変えても正しい分離ができない。

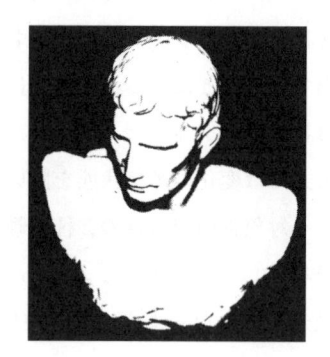

（a）石膏像　　　　　（b）石膏像：2値化後（$T=128$）

（c）大黒・恵比寿　　　（d）大黒・恵比寿：2値化後（$T=110$）

図3.12 画像例と2値化処理の例

　　　　　　（e）ミカン　　　　　　　　（f）ミカン：2値化後（$T=90$）

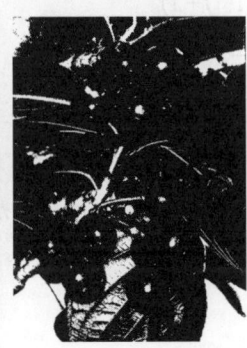

（g）サクランボ　　（h）サクランボ：2値化後　（i）サクランボ：2値化後　（j）サクランボ：2値化後
　　　　　　　　　　　　（$T=128$）　　　　　　　　（$T=90$）　　　　　　　　（$T=75$）

図3.12　（つづき）

3.3　画像の解析

　画像の解析には多くの要素となる方式がある。解析の目的に応じて，それらの方式を組み合わせたり，しきい値などのパラメータを調節するなどの統合化を行い最適化を図る必要がある。

3.3.1　エッジ抽出
　明るさが一定以上大きく変化していて，線状に連続している部分をエッジと呼ぶ。エッジは明るさが急激に変化している部分であるため，高周波成分の検出などによってその変化を検出する。エッジ抽出には差分形のオペレータやフーリエ変換などの手法が用いられる。

3.3.2　差分形オペレータ
　差分形オペレータには，水平，垂直方向の変化を独立に抽出するものと，合わせたものや，斜め方向に着目したオペレータなどがある。
　1次差分 dx, dy は隣接画素間の差であるが，絶対値をとってエッジ検出に使う。また1

次微分と呼ぶこともある。画像関数を $g(i, j)$ とすると

$$dx = g(i, j) - g(i-1, j), \quad dy = g(i, j) - g(i, j-1) \tag{3.9}$$

$$|dx| = |g(i, j) - g(i-1, j)|, \quad |dy| = |g(i, j) - g(i, j-1)| \tag{3.10}$$

となり，また x, y 方向を統合し，$|dx|+|dy|$ を使うこともある。

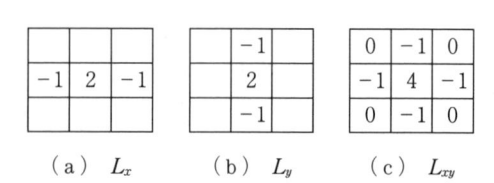

図3.13 にソーベルフィルタ（Sobel filter）のフィルタ係数を示す。9個の画素から中心の1画素に対する処理結果 S_x, S_y が得られる。S_x, S_y は，画像関数を $g(i, j)$ とすると

$$S_x = g(i+1, j-1) + 2g(i+1, j) + g(i+1, j+1)$$
$$- g(i-1, j-1) - 2g(i-1, j) - g(i-1, j+1) \tag{3.11}$$

$$S_y = g(i-1, j+1) + 2g(i, j+1) + g(i+1, j+1)$$
$$- g(i-1, j-1) - 2g(i, j-1) - g(i+1, j-1) \tag{3.12}$$

である。x, y 方向を統合すると，$|S_x|+|S_y|$ となり，また，エッジが検出されているときは，エッジの方向は

$$\arctan \frac{S_y}{S_x} \quad (S_x \neq 0) \tag{3.13}$$

で求まる。

図3.14 に**プレヴィットフィルタ**（Prewitt filter）のフィルタ係数を，**図3.15** に**ロバーツフィルタ**（Roberts filter）のフィルタ係数を示す。4個の画素から斜め $-45°$ と $+45°$ の方向の差分を取り，2乗した和をエッジとしている。式で表すと

$$Rbt = \{g(i, j) - g(i+1, j+1)\}^2 + \{g(i, j+1) - g(i+1, j)\}^2 \tag{3.14}$$

となる。斜め線の検出に効果がある。

図3.16 に2次元の**ラプラシアンフィルタ**（Laplacian filter）のフィルタ係数を示す。図（a）は x，図（b）は y 方向の演算 L_x, L_y で，図（c）は2次元画像データとして統合した

-1	0	1
-2	0	2
-1	0	1

(a) S_x

-1	-2	-1
0	0	0
1	2	1

(b) S_y

図3.13 ソーベルフィルタの係数

-1	0	1
-1	0	1
-1	0	1

(a) S_x

-1	-1	-1
0	0	0
1	1	1

(b) S_y

図3.14 プレヴィットフィルタの係数

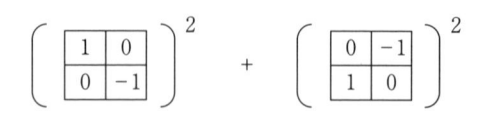

$$\begin{pmatrix} 1 & 0 \\ 0 & -1 \end{pmatrix}^2 + \begin{pmatrix} 0 & -1 \\ 1 & 0 \end{pmatrix}^2$$

図3.15 ロバーツフィルタの係数と演算

-1	2	-1

(a) L_x

	-1	
	2	
	-1	

(b) L_y

0	-1	0
-1	4	-1
0	-1	0

(c) L_{xy}

図3.16 ラプラシアンフィルタの係数

形 L_{xy} になる。5個の画素から中心の1画素に対する処理結果 L_x, L_y, L_{xy} は，画像関数を $g(i, j)$ とすると

$$\left.\begin{array}{l} L_x = -g(i-1, j) + 2g(i, j) - g(i+1, j) \\ L_y = -g(i, j-1) + 2g(i, j) - g(i, j+1) \\ L_{xy} = -g(i, j-1) - g(i-1, j) + 4g(i, j) - g(i+1, j) - g(i, j+1) \end{array}\right\} \quad (3.15)$$

である。エッジ検出としては $|L_{xy}|$ が使用される。

3.3.3 離散フーリエ変換によるエッジ抽出

図 3.17 に複素フーリエ変換周波数領域を示す。N 個の実数のデータに対して離散フーリエ変換した結果を順に並べたものである。0 と $N/2$ の2個のデータは実数になるが，そのほかは一般に複素数になる。中間の $N/2$ を中心に対称に位置する2個のデータはたがいに共役複素数になっている。0から周波数カットオフ点 C まで取り出し，$C+1 \sim N-C-2$ までを0に置き換えることにより**低域通過フィルタ**（low pass filter：**LPF**）が実現できる。その場合，$N-C-1 \sim N-1$ までは $1 \sim C$ までの折返しである共役複素数部分で0にはしない。一方，$C+1$ から $N-C-2$ までを残し，ほかを0に置き換えることにより，**高域通過フィルタ**（high pass filter：**HPF**）を実現できる。このようなフィルタの演算処理を行い，離散フーリエ逆変換を行うと，フィルタ処理された信号が得られる。HPF を適用すれば，エッジ成分のみが抽出できる。カットオフ周波数を決める C の値により，エッジの太さを調節できる。

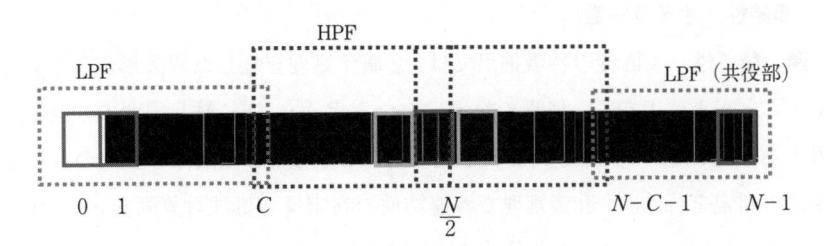

図 3.17 複素フーリエ変換周波数領域

2次元画像に対しては，各横方向に HPF を処理した後，縦方向の配列に対し同様の HPF 処理を施せば，2次元 HPF が実現できる。また，2次元データとして，2次元の離散フーリエ変換を行い，**図 3.18** のような2次元周波数領域でのカットオフを設定すれば，2次元的にエッジを抽出できる。低域から囲んだ視覚の領域（LPF）とその共役領域は2次元低域通過フィルタを形成する。**図 3.19** に2次元フィルタ処理のカットオフ領域を示す。図 (a) は横と縦に独立なフィルタ演算がなされる LPF である。図 (b), (c) は2次元データの斜め

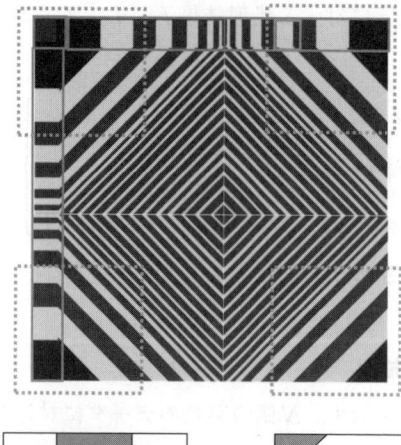

図3.18 2次元フーリエ変換周波数領域

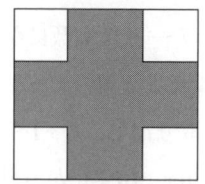

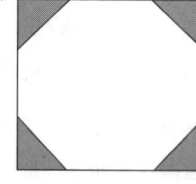

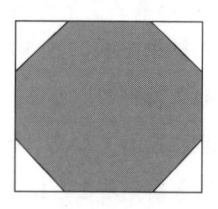

（a）縦横独立処理（HPF）　　（b）斜め処理（LPF）　　（c）斜め処理（HPF）

図3.19 2次元フィルタ処理のカットオフ領域

成分に対応したカットオフ領域である。図3.18では左上の頂点が最低周波数（＝直流）になっている。この図全体を4個の正方形に等分し，対角線方向にたがいに入れ換えれば，直流を中心にした図に移動できる。

3.3.4　連結性，オイラー数

〔1〕**連　結　性**　画像の特徴抽出では，2値化処理を施した線図形から連結した成分を取り出すことが重要である。処理の対象にあたる点 $g(i, j)$ に対し周囲の8点を近傍点として使用する。**図3.20**に4近傍および8近傍処理を示す。2値画像を左上から右下に走査し，連結性の判定を行う。4近傍処理での連結性の判定は，処理対象画素 $g(i, j)$ と同じ値が左隣か直上にあれば，同じラベル値「A」を付けていく。

図3.21に4近傍および8近傍処理の結果を示す。図（a）のように，上下左右に連結した

（a）4近傍処理　　　　（b）8近傍処理

図3.20　4近傍および8近傍処理

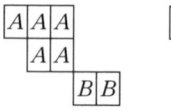

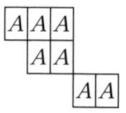

（a）4近傍処理の結果　（b）8近傍処理の結果

図3.21　4近傍および8近傍の処理の結果

部分は，同じラベルAになり，斜めは異なるラベル値「B」が付けられる。一方，8近傍処理の場合は，図（b）に示すように，斜めの連結成分も同一のラベルになる。4近傍処理を行うと，斜め成分が切り離され，多数の細かい要素に分かれる。8近傍処理を行うと，結合が強くなる。線のある部分を黒（画素値が1），背景を白（0）として，それぞれの値に，独立に連結性の判定処理を行うことができる。

〔2〕 **連　結　数**　境界線の画素（外側の画素）に対して，連結する成分の数を**連結数**（connectivity number）という。4近傍処理を行うか，または8近傍処理を行うかにより異なる。連結数は，**図3.22**の画素配置に対して，注目画素xに対し，4近傍連結は式（3.16），8近傍連結は（3.17）で求められる[29), 37)]。ただし，$C=\{0,\ 2,\ 4,\ 6\}$である。

$$N_C^4 = \sum_{i \in C} \left\{ g(x_i) - g(x_i)\, g(x_{i+1})\, g(x_{i+2}) \right\} \tag{3.16}$$

$$N_C^8 = \sum_{i \in C} \left\{ \overline{g}(x_i) - \overline{g}(x_i)\, \overline{g}(x_{i+1})\, \overline{g}(x_{i+2}) \right\} \tag{3.17}$$

おもなパターンに対する連結数の算出例を**図3.23**に示す。

x_3	x_2	x_1
x_4	x	$x_0,\ x_8$
x_5	x_6	x_7

図3.22　画素配置

0	0	0
0	1	0
0	0	0
$N_c=(0,\ 0)$		

0	0	0
0	1	0
1	0	0
$N_c=(0,\ 1)$		

0	0	0
0	1	1
0	1	1
$N_c=(1,\ 1)$		

0	1	0
0	1	0
0	1	0
$N_c=(2,\ 2)$		

0	1	1
0	1	1
0	1	0
$N_c=(2,\ 1)$		

1	1	1
0	1	0
1	1	1
$N_c=(2,\ 2)$		

1	0	1
0	1	0
0	1	0
$N_c=(1,\ 3)$		

1	0	1
0	1	0
1	0	1
$N_c=(0,\ 4)$		

1	1	1
1	1	1
1	1	1
$N_c=(0,\ 0)$		

図3.23　連結数の例（$N_C^4,\ N_C^8$）（文献29）ほか）

〔3〕 **オイラー数**　連結成分にラベルが付けられた2値画像の分類に**オイラー数**（Euler number）を使うことができる。オイラー数Eは，連結成分の数Cから孔の数Hを引いた

$$E=C-H$$

で，図形ごとに定まった値となり，細線化などによって変化することはない。オイラー数によって図形の種類を識別することができる。**図3.24**にオイラー数の例を示す。

(a) $C=1$, $H=1$, $E=0$　　(b) $C=1$, $H=2$, $E=-1$　　(c) $C=1$, $H=0$, $E=1$

図3.24 オイラー数の例

〔4〕 **細 線 化**　幅のある線図形から線幅1画素の中心線を抽出することを**細線化**（thinning）という。線幅の情報よりも，細線化により単純化された図形は構造や接合関係（トポロジカルな性質）が調べやすくなる。細線化においてオイラー数が変わるなどトポロジカルな性質が変化しないことが望まれる。細線化において形状を保存する条件としては，線幅が1画素であること，細線化後の線はもとの線の中心線であること，切断や孔が増減しないこと，ヒゲ（もとの形状にない孤立の線）が発生しないこと，細線化後の線が短縮しないこと，交差部でひずまないこと，などがあげられる[34]。

多数の手法が検討されているが，あらゆる図形に対して，この条件を満たす単純で汎用的な細線化処理はない。3×3画素の局所的なパターンにおいて，中心の細線化処理対象画素に対し周囲の8画素のパターンによって0に変換するという処理が数多く検討されている。しかし，3×3のパターンだけでは，細線化で形状を保存する条件を満足させることが難しい。**図3.25**に3×3のパターンで細線化を行うときのパターンの例を示す。図(a)は太線の端と見なし0に変換する処理，図(b)はヒゲと見なし0にするとヒゲを除去できるが，中心線の端点の場合は線が短縮するため，別途判定が必要である。図(c)は連結性がなくなるので処理しない。この処理では，連結性の定義を4近傍処理とするか，または8近傍処理とするかによっても異なるが，一般には，大域にパターンを考慮する必要がある。

```
1 1 0      1 1 0         0 1 0      0 1 0        0 1 0
1 1 0  →   1 0 0         0 1 0  →   0 0 0        0 1 0
0 0 0      0 0 0         0 0 0      0 0 0        0 1 0
```
　　(a) 太線の端　　　　　(b) ヒゲと見なす場合　　(c) 連結線

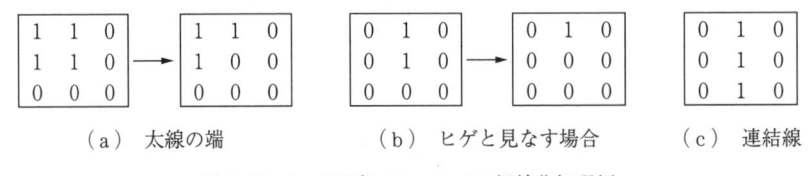

図3.25 3×3画素パターンでの細線化処理例

〔5〕 **Hilditchの細線化アルゴリズム**　比較的詳細に多数のパターンに対応した方式に，Hilditchの細線化アルゴリズム[38]がある。この方式もあらゆるパターンに完全に対応しているわけではなく，例えば，**図3.26**のようなパターンは線に残らず消滅することになる。以下，Hilditchの細線化アルゴリズムを示す。

① 0と1に2値化した画像Gの画素値$g(i, j)$に削除の状態データ-1を加えた3値のデータを考える。画素(i, j)が下の6条件をすべて満たすか否かを調べる。処理はラ

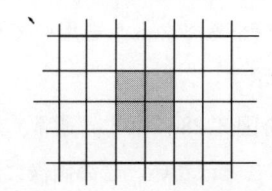

図 3.26 Hilditch のアルゴリズムで消滅する処理例[39]

スタ走査順に行い，$g(i, j)$ を処理前，$g'(i, j)$ を処理後のデータとし，はじめに $g'(i, j) = g(i, j)$ とコピーしておく．

条件1：$g(i, j) = 1$

条件2：$g(i, j)$ の上下左右の4近傍のうち少なくとも1個が0である（境界画素）．

条件3：$g(i, j)$ の8近傍のうち少なくとも2個が1である（端点を削り取らないための条件）．

条件4：$g'(i, j)$ の8近傍のうち少なくとも1個は1である（孤立点を保存する条件）．

条件5：$g(i, j)$ の連結数が1である（連結性が保存される）．

条件6：$g'(i, j)$ の8近傍画素について $g'(i', j') \neq -1$ である，または $g'(i', j') = -1$ で各近傍の画素 (i', j') の画素値を0に変更したとき連結数が1であること（線幅2の部分について片側のみ削除する条件）．

② 上記①に示した6条件が満たされるとき，$g'(i, j) = -1$ とおく．1画面の処理が終了後，$g'(i, j) = -1$ の画素があれば，$g(i, j) = 0$ と変更し $g'(i, j)$ にもコピーし，①に戻って繰り返す．$g'(i, j) = -1$ の画素がない場合は終了する．図 3.27 に原画から細線化までの処理例を示す．

（a）原　　画　　（b）固定しきい値2値化　　（c）反転処理　　（d）ある細線化処理例

図 3.27　原画から細線化までの処理例

3.3.5　領域分割とクラスタリング

画像の**領域分割**（region segmentation）は特徴の差異により領域を分割し，物体形状の抽出や意味理解の手掛かりにしようとするものである．特徴を測る尺度には輝度値，色，テクスチャをはじめとして多数のものがある．ここでは，輝度値などの一つの値でなく，画像

データを特徴空間に変換した後，複数の値の組からなるベクトルを用いて**クラスタリング**（clustering）することによって領域を分割する例を示す。

画像を輝度値の大小で分類し，領域分割した例を**図 3.28** に示す。通常，輝度値のみで領域分割しても，考えている物体の形状が抽出できることはない。この画像に限り赤色に着目して識別が可能であるが，色相まで考慮して，シアンの反転をレベル 180 で 2 値化した例を**図 3.29** に示す。図 3.28 よりは花の形状が明確化しているが，背景の白線はすべての色成分を含むため同じく検出されてしまっている。また，茎に近い下部は黄色や緑色の成分があるため，検出されていない。

（a）原　　画　　（b）領域分割

図 3.28 原画に対し輝度レベル 128 で分離した画像

図 3.29 シアンの反転をレベル 180 で 2 値化した例

画像の特徴を分析するため，多次元のデータを分類するやり方をクラスタリングと呼ぶ。代表的な方式である **K-平均法**（K-means algorithm）**クラスタリング**について説明する。

画像データからある変換を施して得られた 2 次元特徴ベクトルを $f=(f_1, f_2)$ とする。簡単な例として x, y 座標の恒等変換の場合で説明する。**図 3.30** に初期状態において特徴点がある場合，および収束後の領域例を示す。図（a）のような特徴点があるとき，これらを K 個のクラスタに分類する。$K=4$ とし，まず初期クラスタを適当に定める。例えば，点線のように領域全体を 4 分割し，そこに含まれる特徴点の座標の平均値を初期クラスタの代表点 $C_i\,(i=1, \cdots, 4)$ とする。この特徴空間上で，距離 $d(f_j, f_k)$ を定義しておく。つぎに ①

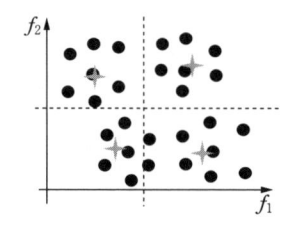

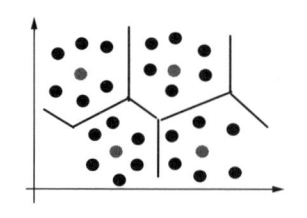

（a）初期状態（特徴点 ● と中心 ✦）　　（b）収束後の領域例

図 3.30 初期状態において特徴点がある場合，および収束後の領域例

～③の反復を繰り返す。

① 各点 f_j に対し，$d(C_i, f_j)$ が最小となる i をその点が所属するクラスタとする。
② 各クラスタに属する点の座標成分の平均を新たなクラスタ代表 C_i とする。
③ 反復が収束した段階で停止する。

このアルゴリズムは初期値の取り方で，結果が変わるときがある。また，点数が多いと収束が遅くなるので，変化量が一定値以下になったとき収束にする打切り処理などが必要である。距離として，ユークリッド距離を使った場合，収束後の領域は図（b）のようになる。この形状をボルノイ領域と呼ぶ。ベクトル量子化でのLBGアルゴリズムはK-平均法と同様の処理を行う。

図3.31 は実データにK-平均法を適用して16分割した例を示している。K-平均法が良好に動作するのは，クラス内のデータが円状に集積しているような場合である。クラス内のデータが，**図3.32** のように層状のデータ〔図（a）〕や曲がっているかたまりのデータ〔図（b）〕の場合は，最短距離法などの他の方式を使う必要がある。

（a）初 期 状 態　　（b）K-平均法の領域分割（16クラス）

図3.31　実データにK-平均法を適用して16分割した例

（a）層状のデータ　　（b）曲がっているかたまりのデータ

図3.32　層状のデータ，および曲がっているかたまりのデータ

3.3.6　主成分分析法

画像や特徴量の複数のベクトルデータは多次元データであり，それに対する分散が最小になる直交軸を求めるのが，**主成分分析法**（principal component analysis method）である。主成分分析は，**特異値展開**（singular value decomposition：**SVD**），**KL**（Karuhunen-Loève）**展開**と同類の手法である。

画像信号や特徴量のベクトル x からその平均値 m を差し引いた $x-m$ とその転置ベクト

ル $(x-m)^T$ とすると,それらのテンソル積 $(x-m)\cdot(x-m)^T$ は実対称行列になる。したがって,$C=(x-m)\cdot(x-m)^T$ の固有ベクトルからなる直交行列 Φ を求めると

$$\Phi^T \cdot C \cdot \Phi = \Lambda \tag{3.18}$$

または

$$C \cdot \Phi = \Phi \cdot \Lambda$$

となる。ただし,Λ は Φ に対応する固有値(正の値)を対角成分に大小順に並べた行列で

$$\Phi = \begin{bmatrix} \phi_{0,0} & \phi_{0,1} & \cdots & \phi_{0,N-1} \\ \phi_{1,0} & \phi_{1,1} & \cdots & \vdots \\ \vdots & \vdots & \cdots & \vdots \\ \phi_{N-1,0} & \phi_{N-1,1} & \cdots & \phi_{N-1,N-1} \end{bmatrix} = \left(\phi_0 \mid \phi_1 \mid \cdots \mid \phi_{N-1} \right) \tag{3.19}$$

$$\Lambda = \begin{bmatrix} \lambda_0 & 0 & 0 & 0 & 0 \\ 0 & \lambda_1 & 0 & 0 & 0 \\ 0 & 0 & \cdot & 0 & 0 \\ 0 & 0 & 0 & \cdot & 0 \\ 0 & 0 & 0 & 0 & \lambda_{N-1} \end{bmatrix} \tag{3.20}$$

$$C \cdot \phi_i = \lambda_i \cdot \phi^i \quad (0 \leq i \leq N-1, \quad \lambda_0 \geq \lambda_1 \geq \cdots \geq \lambda_{N-1})$$

である。このベクトルの集合 Φ の成分 ϕ_i が主成分ベクトルであり,$x-m$ の分散が最小となる,最も効率的な直交展開を与える。

主成分の軸を識別のクラスとして,各軸の成分値のパターンで分類する方式が,主成分分析によるパターン識別法である。

3.3.7 ハ フ 変 換

画像中に散在する特徴点を結ぶ代表線を決める手法に**ハフ変換**(Hough transform)がある。ハフ変換では,まず直線をその直線に下ろした垂線の長さ ρ と x 軸との角度 θ でパラメータ表現する。直線からパラメータ ρ,θ の関係式を求めることをハフ変換という。点 P (p, q) が与えられたとき,$\rho = p\cos\theta + q\sin\theta$ という関係が成り立つ。p, q を固定したとき,ρ, θ の変化を考えると,それらは,1点 P を通過する直線群を表し,ρ, θ のパラメータ空間上ではある曲線を表す。つぎに別の点 Q を通る直線群考えると,同様に ρ-θ パラメータ空間上での曲線を描くことができる。二つの曲線の交点は,x-y 空間上での2点を通過する直線を表すパラメータとなる。**図3.33**に点 P (p, q) を通る直線群とそのパラメータ表現を示す。

点 P (p, q) が原点からの垂線の足であるとき,P を通過する直線は

$$\rho = p\cos\theta + q\sin\theta \tag{3.21}$$

3.3 画像の解析

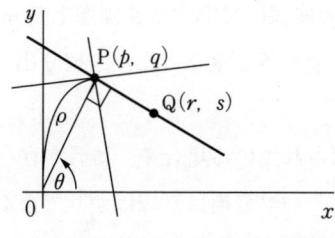

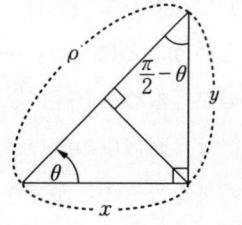

(a) 点P(p, q)を通る直線群 　　(b) 図(a)のパラメータ表現

図3.33 点P(p, q)を通る直線群とそのパラメータ表現

と表現できる。このとき

$$\rho = p\cos\theta + q\sin\theta = \sqrt{p^2+q^2}\left(\frac{p}{\sqrt{p^2+q^2}}\cos\theta + \frac{q}{\sqrt{p^2+q^2}}\sin\theta\right)$$

$$= \sqrt{p^2+q^2}(\cos\phi\cos\theta + \sin\phi\sin\theta) = \sqrt{p^2+q^2}\cos(\theta-\phi) \tag{3.22}$$

ただし，$\sqrt{p^2+q^2} \neq 0$，$\cos\phi = \dfrac{p}{\sqrt{p^2+q^2}}$　　（p, qはPを通る直線上の点とする）

という関係式が得られる。これから，$\rho \leq \sqrt{p^2+q^2}$なるρを定めるとき，p, qをパラメータとするρが決められる。これを描いたのが，**図3.34**である。P=(1, 1), Q=(2, 0), R=(0, 2)とするとき，Pに関して$\sqrt{p^2+q^2}=\sqrt{2}$，$\phi_P=45°$，Qに関して$\sqrt{r^2+s^2}=2$，$\phi_Q=0°$，Rに関して$\sqrt{t^2+u^2}=2$，$\phi_R=90°$となる。これらの曲線の交点は，x-y平面での直線群のうちで3点P, Q, Rを通過する直線に対応している。したがって，ρ-θ空間での交点を調べることによって，x-y平面での直線の候補から主たる直線を抽出できることになる。

この原理を利用して与えられた画像から直線を検出することができる．すなわち，x-y平面での画像中のn個の点に対してρ-θ空間での平面上ではn個の曲線が描かれ，このうち，

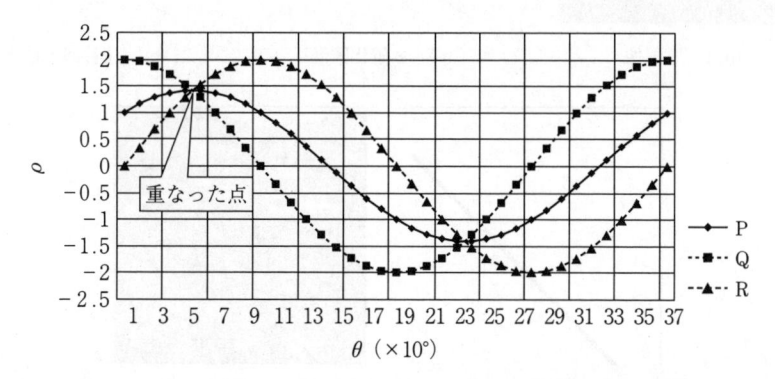

図3.34 ハフ変換によるρ-θパラメータ空間（重なった点が共通の直線を表している）

m 個の曲線が1点で交わっていれば,この m 個の曲線に対応する原画像上の m 個の点は同一直線上にあるということになる。ρ-θ 空間上で最も多く重なった点を取り出し,x-y 空間に逆変換したものが,求める直線になる。

ハフ変換の特徴は,画像中の直線が途中で切断されている場合や,雑音が存在する場合でも比較的良好な結果を得ることができる点である。ハフ変換は直線ばかりでなく,円や楕円にも適用されている手法である。すなわち,検出したい線の種類が方程式の形で表現できる場合に有効な方法である。

図 3.35 に 2 値化画像のハフ変換例を示す。ハフ変換は候補点の数で影響を受けるため,

（a）検出対象画像　（b）検出結果（第1位と第2位の2本を取り出したもの）　（c）検出対象画像　（d）検出結果（第1〜第4位まで4本取り出したもの）

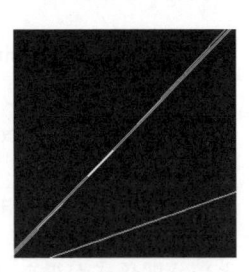

図 3.35 2 値化画像のハフ変換例

（a）原画像　（b）2 値化画像　（c）注目部の抽出

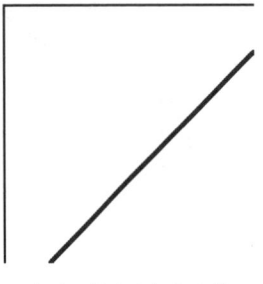

（d）検出された直線　（e）原画像での位置

図 3.36 ハフ変換による直線の検出例

適用前に2値化と細線化の処理を行っておく必要がある。また，面積のある不要部を除いておくことも必要である。図(a)，(c)は検出対象画像として実験用につくった画像で，複数の直線が書かれている。図(b)，(d)は検出結果で，ρ-θパラメータ空間で最も多く重なった点を第1位とし，順に第2位〜第4位を検出したものである。

図3.36にハフ変換による直線の検出例を示す。図(c)，(d)では第1〜第3位までの3本が中央部の直線として検出され，右下の1本がそれについで第4位として，検出された場合である。図3.36は2値化，細線化の後，画面の下半分を切り出し，雑音を減らした画像に対しハフ変換を行っている。手前の2本の道路白線を結ぶ直線が検出されている。

3.3.8 テクスチャ解析

テクスチャ（texture）とは，もともと織物の模様を語源としているが，画像処理でしだいに意味が拡大されてきた。テクスチャ解析は構造や輪郭の解析が難しいときに，対象領域部分をある同一の模様として検出することによって構造を把握するときに有効な手法である。局所的には繰返し，ないしはランダムに近いものまで含めた繰返しのパターンが一般には複数個のあり，ある程度離れた視点から見たとき，全体としてそのパターンが部品として統合された均一感のある模様のことをいう。規則的な繰返しでなくランダムに近いものの例として，芝生やコンクリート壁の模様などがある。実画像や風景まで含めてテクスチャと拡大して扱うこともある。さらにCGの分野では，すべての画像をテクスチャと呼び，テクスチャマッピングの素材として使用している。解析には，周波数解析などの構造的解析，統計的解析などの手段がある。テクスチャ画像の例を**図3.37**に示す。

図(a)〜(i)のテクスチャは規則性があり，構造的テクスチャと呼ばれる。図(j)は規則性がなく，構造的な解析はできないため，おもに統計量によって解析を行う必要がある。このようなテクスチャを統計的テクスチャと呼ぶ。

〔1〕 **構造的統計量**　統計量のなかには，テクスチャの繰返し周期に対応した値を生成するものがある。

① フーリエ変換：2次元フーリエ変換を施すことによって，縦，横の筋などの周期に対応した周波数成分の値が大きくなる。フーリエ変換の結果の周波数分布を調べることにより，テクスチャに含まれる周期構造を推定することができる。

② 自己相関関数：自己相関関数を計算することにより，周期的な重なりの有無や，テクスチャの鮮明さ，粗さの判別などが行える。

③ 統計量解析：テクスチャ解析の統計量として，平均，分散，**3次モーメント**（skewness，歪度），**4次モーメント**（kurtosis，尖度）などがあり，対象によってこれらを組み合わせて限定していく手法が使用される。横M画素，縦N画素の画像$g(i, j)$に対して

74   3. 画像の解析・認識技術

（a）高層ビル（1）	（b）高層ビル（2）	（c）織　物（1）	（d）織　物（2）
（e）織　物（3）	（f）マツの木	（g）木の肌	（h）イチョウ
（i）大理石	（j）壁　面	（k）草	（l）馬のたてがみ

図 3.37　テクスチャ画像の例

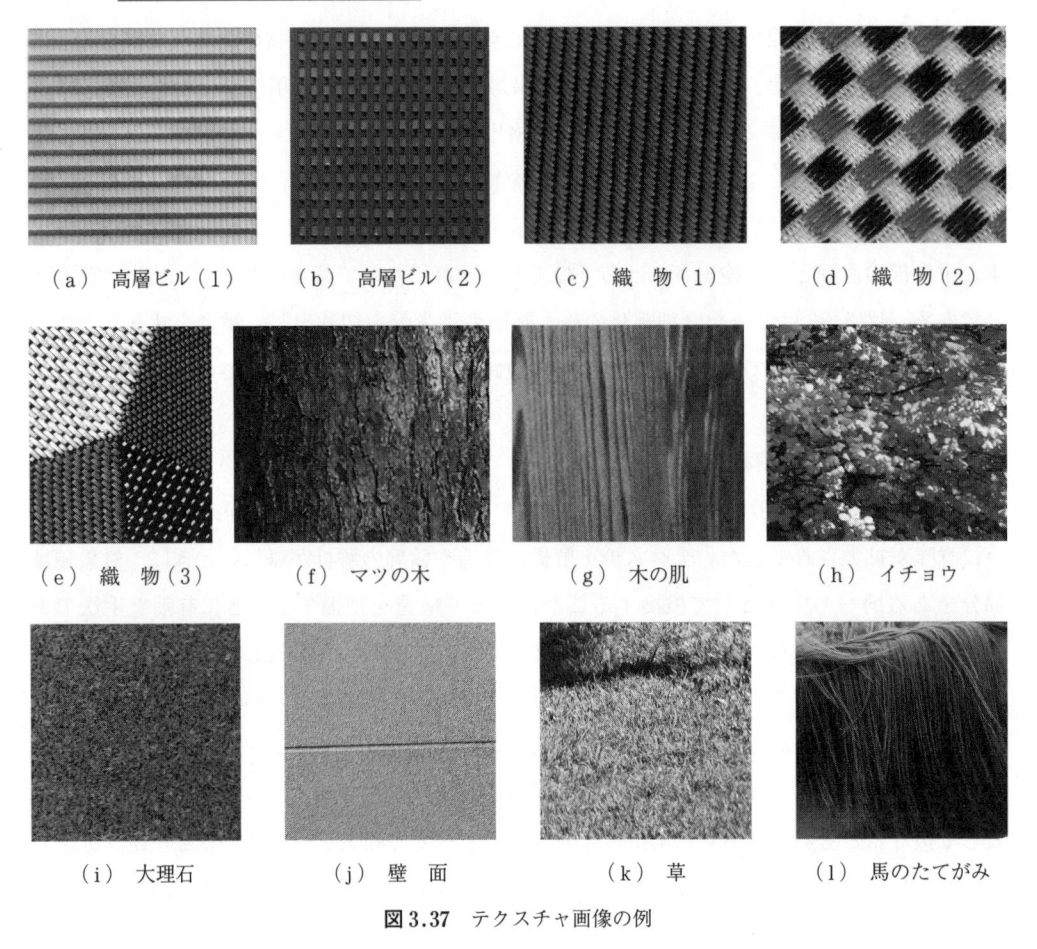

$$\text{平　均}\quad m = \frac{1}{MN}\sum_{i=0}^{M-1}\sum_{j=0}^{N-1} g(i, j) \tag{3.23}$$

$$\text{分　散}\quad \text{var} = \frac{1}{MN}\sum_{i=0}^{M-1}\sum_{j=0}^{N-1} \{g(i, j) - m\}^2 \tag{3.24}$$

$$\text{skewness} = \frac{1}{\text{var}^{3/2}} \frac{1}{MN}\sum_{i=0}^{M-1}\sum_{j=0}^{N-1} \{g(i, j) - m\}^3 \tag{3.25}$$

$$\text{kurtosis} = \frac{1}{\text{var}^2} \frac{1}{MN}\sum_{i=0}^{M-1}\sum_{j=0}^{N-1} \{g(i, j) - m\}^4 \tag{3.26}$$

このほか，ヒストグラムや2次元ヒストグラム，コントラストを数値化した統計量などがある。

〔2〕**同時生起行列**　　2次元構造性を統計量とするものに**同時生起行列**（co-occurrence matrix）がある。同時生起行列の要素は輝度 i の画素から一定の長さ r と角度 θ で定まる変位にある画素の輝度が j である確率 $P_\theta^r(i, j)$ で，2次元的に輝度順に配置される。**図3.38**

に同時生起確率行列の要素の2画素 i, j の配置を示すが，斜めの場合も実長にせず，長さ r はディジタル格子でたどれる画素の個数で表すことが多い。また，i, j の輝度値は全種類を求めると多くなるので，数種の代表値に割り当てる量子化を行ったうえ，作成することが多い。図3.39に4種の輝度レベルと特定の r, θ に対する同時生起行列の要素の例を示す。

	0	1	2	3
0	$P_\theta^r(0,0)$	$P_\theta^r(0,1)$	$P_\theta^r(0,2)$	$P_\theta^r(0,3)$
1	$P_\theta^r(1,0)$	$P_\theta^r(1,1)$	$P_\theta^r(1,2)$	$P_\theta^r(1,3)$
2	$P_\theta^r(2,0)$	$P_\theta^r(2,1)$	$P_\theta^r(2,2)$	$P_\theta^r(2,3)$
3	$P_\theta^r(3,0)$	$P_\theta^r(3,1)$	$P_\theta^r(3,2)$	$P_\theta^r(3,3)$

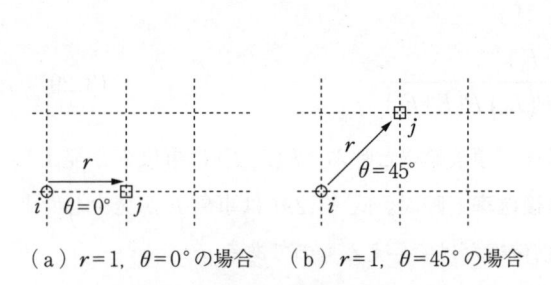

（a）$r=1$, $\theta=0°$ の場合　　（b）$r=1$, $\theta=45°$ の場合

図3.38 同時生起確率行列の要素の2画素 i, j の配置

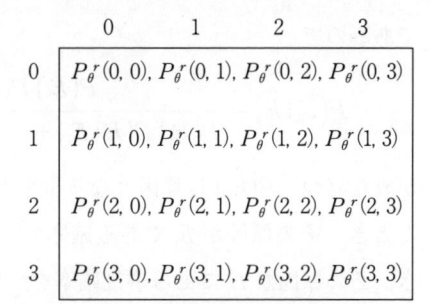

図3.39 4種の輝度レベルと特定の r, θ に対する同時生起行列の要素の例

同時生起行列を用いた統計量には，Haralickらが14種類の特徴量を提案しているが，以下に代表的なものをあげる。

① **コントラスト**：輝度差の2乗平均を計算するものであり，輝度差の大きいものが多いとき，この値が大きくなる。

$$\text{Cnt}(r, \theta) = \sum_{i=0}^{I} \sum_{j=0}^{J} (i-j)^2 P_\theta^r(i, j) \tag{3.27}$$

② **角度2次モーメント**（angular second moment）：発生確率そのものの2乗和で，平均して分布するより，ある要素に集中するときに大きくなる。したがって，テクスチャ中に特有の輝度変化のパターンがあるとき大きい値になる。

$$\text{Asm}(r, \theta) = \sum_{i=0}^{I} \sum_{j=0}^{J} P_\theta^r(i, j)^2 \tag{3.28}$$

そのほかに相関などがあり，方向性を検出できる。

3.3.9 ベイズの公式

画像を特徴空間に変換し，その特徴を表す関数の分布が既知であるかどうか推定できるとき，ベイズ決定法を用いて識別を行うことができる。特徴を表す関数を求めることが，距離関数を使用する場合に比べて追加される事項で，また困難なことも多い。特徴を表す関数が距離関数と異なる形状であれば，効果が出る可能性がある。

ベイズ決定法は下記のような統計学の**ベイズの公式**（3.29）を応用した，識別方式である。たがいに素な事象を E_1, E_2, $\cdots$, E_n, 和を $E = E_1 \cup E_2 \cup \cdots \cup E_n$ 各事象の確率を $P(E_i)$ とす

るとき

$$P(E)\,P(E_i|E) = P(E \cap E_i) = P(E_i)\,P(E|E_i)$$

であり，また

$$P(E) = P(E_1)\,P(E|E_1) + \cdots + P(E_n)\,P(E|E_n)$$

であるので

$$P(E_i|E) = \frac{P(E_i)\,P(E|E_i)}{P(E_1)\,P(E|E_1) + \cdots + P(E_n)\,P(E|E_n)} \tag{3.29}$$

が成り立つ．$P(E_i)$ は原因となる事象の確率で事前確率と呼ぶ．$P(E_i|E)$ は事象 E が発生したとき，その原因が E_i である確率で，**事後確率**と呼ぶ．式 (3.29) は事象 E が発生したとき，その原因が E_i である事後確率を，事前確率だけで与えるものである．

　画像を特徴空間に変換し，その特徴を表す関数の分布を推定できるとした場合，ベイズの公式を用い，パターンを識別していく手法として**ベイズ決定法**（Bayes's decision rule）が使われる．$\boldsymbol{x}$ を特徴ベクトル，ω_i を識別された後のクラス，$p(\omega_i)$ をクラス ω_i の生起確率，m をクラスの数，$p(\omega_i|\boldsymbol{x})$ を入力の特徴ベクトルが $\boldsymbol{x}$ のとき，それが ω_i を原因とする確率（事後確率）$p(\boldsymbol{x}|\omega_i)$ をクラス ω_i における $\boldsymbol{x}$ の確率とすると，ベイズの公式 (3.29) より

$$p(\omega_i|\boldsymbol{x}) = \frac{p(\omega_i)\,p(\boldsymbol{x}|\omega_i)}{p(\boldsymbol{x})} \tag{3.30}$$

が成り立つ．クラスを識別する際，クラス ω_i の特徴ベクトル x をクラス ω_j に所属すると誤識別してしまったときの**損失**（loss）または**危険率**（risk）を $L_{i,j}$ とすると，その期待値は

$$r_j = \sum_{i=1}^{m} L_{i,j}\,p(\omega_i|\boldsymbol{x}) \tag{3.31}$$

となり，式 (3.30) を式 (3.31) に代入し

$$r_j = \sum_{i=1}^{m} L_{i,j}\,p(\omega_i|\boldsymbol{x}) = \frac{1}{p(\boldsymbol{x})} \sum_{i=1}^{m} L_{i,j}\,p(\omega_i)\,p(\boldsymbol{x}|\omega_i) \tag{3.32}$$

を得る．$j=1, \cdots, m$ のすべての場合についての損失の期待値 r_j のうち，最小になる $j=k$ のクラス ω_k に所属するという識別をするのが合理的である．この決定法をベイズ決定法と呼ぶ．各損失 $L_{i,j}$ は既知であることは少ないので，一定と仮定して

$$L_{i,j} = \begin{cases} 1 & (i \neq j) \\ 0 & (i = j) \end{cases} \tag{3.33}$$

とするとき，最小を与える k に対し，$r_k \leq r_j$ より

$$\frac{1}{p(\boldsymbol{x})} \sum_{i=1, i \neq k}^{m} L_{i,j}\,p(\omega_i)\,p(\boldsymbol{x}|\omega_i) \leq \frac{1}{p(\boldsymbol{x})} \sum_{i=1, i \neq j}^{m} L_{i,j}\,p(\omega_i)\,p(\boldsymbol{x}|\omega_i) \tag{3.34}$$

であるが，式 (3.34) の左辺は，$i=k$ を除く総和，右辺は $i=j$ を除く総和であるので

$$p(\omega_j)\,p(\boldsymbol{x}|\omega_j) \leq p(\omega_k)\,p(\boldsymbol{x}|\omega_k) \qquad (j \neq k)$$

となる。これから

$$\frac{p(\boldsymbol{x}|\omega_k)}{p(\boldsymbol{x}|\omega_j)} \geq \frac{p(\omega_j)}{p(\omega_k)} \tag{3.35}$$

となる。式 (3.35) の左辺を**尤度比**(ゆうどひ)（likelihood ratio, **確からしさ**）という。尤度比は事後確率の比であるが，この比を最大にすることを**最大事後確率法**（maximum a posteriori probability method）という。特に $p(\omega_i)$ がすべて等しいと仮定して

$$\frac{p(\boldsymbol{x}|\omega_k)}{p(\boldsymbol{x}|\omega_j)} \geq 1 \tag{3.36}$$

を用いる推定法を**最尤識別法**（maximum likelihood method）という。さらに，$p(\boldsymbol{x}|\omega_i)$ を正規分布と仮定する場合は解析的に処理が可能で，計算されている。

3.4 変換と投影

3.4.1 アフィン変換と同次変換

画像データを座標で表現し，座標空間上で変換することができる。ここでは，**アフィン変換**（affine transformation）と**同次変換**（homogeneous transformation）について述べる。画像のディジタル処理ではコンピュータの表示画面に対応させ，中心から右側に x 方向軸を，下方向に y 軸を設定する。

〔1〕**2次元アフィン変換**　2次元画像データに関し，平行移動，回転，拡大縮小などによって実現できる変形を行うことができる。2次元アフィン変換は変換前の (x, y) 座標と変換後の座標 (X, Y) に関し，一般的に式 (3.37) で表される。

$$\begin{bmatrix} X \\ Y \end{bmatrix} = \begin{bmatrix} a & b \\ c & d \end{bmatrix} \begin{bmatrix} x \\ y \end{bmatrix} + \begin{bmatrix} e \\ f \end{bmatrix} \tag{3.37}$$

ここで，a, b, c, d は回転，拡大縮小にかかわる係数で，e, f は平行移動成分である。

(x, y) 座標の画像データを左回りに θ 回転させる場合は，座標軸が右回りに θ 回転することと同値であり，式 (3.38) のような関係になる。

$$\begin{bmatrix} a & b \\ c & d \end{bmatrix} = \begin{bmatrix} \cos\theta & -\sin\theta \\ \sin\theta & \cos\theta \end{bmatrix} \tag{3.38}$$

拡大縮小は対角係数 a, d で指定でき，x 方向に a 倍，y 方向に d 倍することは

$$\begin{bmatrix} a & b \\ c & d \end{bmatrix} = \begin{bmatrix} a & 0 \\ 0 & d \end{bmatrix} \tag{3.39}$$

で決められる。

長方形の画像があるとき，それを平行四辺形に変形する変換はスキュー変換といい，x 方向に δ，y 方向に γ スキューする変形をそれぞれ式 (3.40) で表現できる。

$$\begin{bmatrix} a & b \\ c & d \end{bmatrix} = \begin{bmatrix} 1 & \tan\delta \\ 0 & 1 \end{bmatrix}, \quad \begin{bmatrix} a & b \\ c & d \end{bmatrix} = \begin{bmatrix} 1 & 0 \\ \tan\gamma & 1 \end{bmatrix} \tag{3.40}$$

図 3.40 にアフィン変換の図を示す。長方形に対して，平行移動，回転，拡大，スキューの変換例を示す。2 次元アフィン変換は定数を乗じる 1 次式で表される線形変換であるため，このほかに負の乗算による反転などを含め，はじめの長方形は向かい合う 2 辺の平行性はつねに保存される。したがって，平行四辺形や菱形にはなるが，台形のような形にすることはできない。

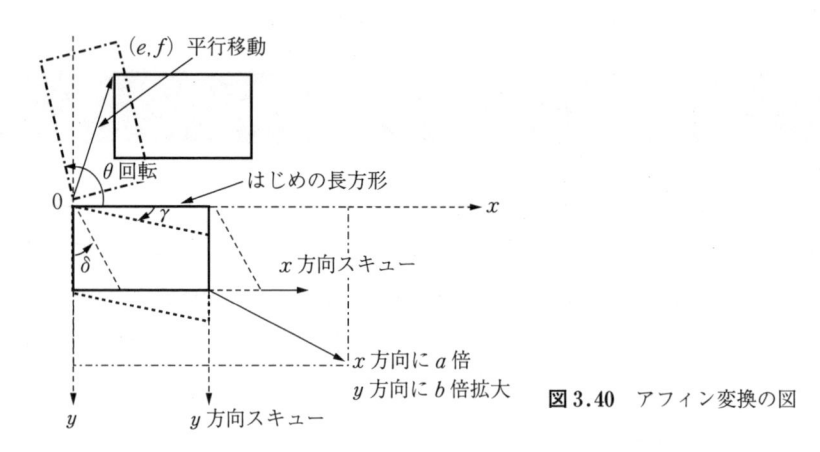

図 3.40 アフィン変換の図

アフィン変換 ***Aff*** を四角形の 4 頂点 A, B, C, D で形成される辺 AB, CD の長さの変化で規定すると，$AB = \lambda\, CD$ ならば ***Aff***(A) ***Aff***(B) $= \lambda$ ***Aff***(C) ***Aff***(D) となることになる。

〔2〕**3 次元の回転変換の例** 図 3.41 に示すような 3 次元座標に対し，x 軸を中心に左ねじ回りに θ だけ回転する場合，すなわち座標軸を $-\theta$ 回転する変換行列 $\mathrm{Rot}\,(\theta,\,x)$ は，x 座標値に変化がなく，y, z 座標が 2 次元の回転をすることから

$$\mathrm{Rot}\,(\theta,\,x) = \begin{bmatrix} 1 & 0 & 0 \\ 0 & \cos\theta & -\sin\theta \\ 0 & \sin\theta & \cos\theta \end{bmatrix} \tag{3.41}$$

となる。同様に，y 軸周りの回転は z, x 面の回転，z 軸周りの回転は x, y 面の回転になり

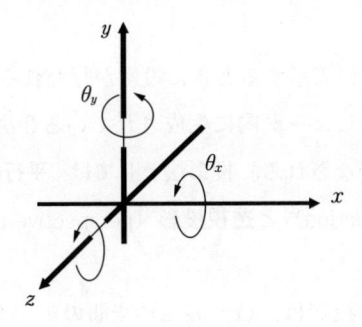

図 3.41 3次元座標と回転方向

$$\text{Rot}(\theta, y) = \begin{bmatrix} \cos\theta & 0 & \sin\theta \\ 0 & 1 & 0 \\ -\sin\theta & 0 & \cos\theta \end{bmatrix} \tag{3.42}$$

$$\text{Rot}(\theta, z) = \begin{bmatrix} \cos\theta & -\sin\theta & 0 \\ \sin\theta & \cos\theta & 0 \\ 0 & 0 & 1 \end{bmatrix} \tag{3.43}$$

となる。

係数積と平行移動の定数項の和からなる2次元アフィン変換は3×3の同次変換で，単一の行列積にまとめて記述できる。同次変換は，変換前の座標を $(x, y, 1)$ とし，変換後を (X, Y, w) とし，式 (3.44) で表される。

$$\begin{bmatrix} wX \\ wY \\ w \end{bmatrix} = \begin{bmatrix} a & b & e \\ c & d & f \\ 0 & 0 & 1 \end{bmatrix} \begin{bmatrix} x \\ y \\ 1 \end{bmatrix} \tag{3.44}$$

w は正規化係数で通常1として使用され，w で除算すれば同次座標でないもとの X, Y になる。

〔3〕**3次元アフィン変換と同次座標** アフィン変換は3次元空間データに対しても同様に定義でき，式 (3.45) のように表される。また，同次変換は式 (3.46) で表される。

$$\begin{bmatrix} X \\ Y \\ Z \end{bmatrix} = \begin{bmatrix} a & b & c \\ d & e & f \\ g & h & i \end{bmatrix} \begin{bmatrix} x \\ y \\ z \end{bmatrix} + \begin{bmatrix} j \\ k \\ l \end{bmatrix} \tag{3.45}$$

$$\begin{bmatrix} wX \\ wY \\ wZ \\ w \end{bmatrix} = \begin{bmatrix} a & b & c & j \\ d & e & f & k \\ g & h & i & l \\ 0 & 0 & 0 & 1 \end{bmatrix} \begin{bmatrix} x \\ y \\ z \\ 1 \end{bmatrix} \tag{3.46}$$

3.4.2 平行投影と透視投影

3次元座標空間にある物体を2次元画面上に表示するときに投影が行われる。実世界をカメラで撮影する場合，また，CGなどでコンピュータ内に生成されている3次元データを2次元ディスプレイ上に表示するときに投影がなされる。投影法としては，**平行投影**（parallel projection）または**正射影**（orthograpic projection）と**透視投影**（perspective projection）がある。

〔1〕 **平行投影（または正射影）**　平行投影は，(x, y, z) 空間のデータを $z=0$ として (x, y) を取り出し x-y 平面上に投影するもので，物体が無限遠にあると仮定し，物体から平行光線が投影面に到達している場合に相当する。**図 3.42** に平行投影の関係図を示す。

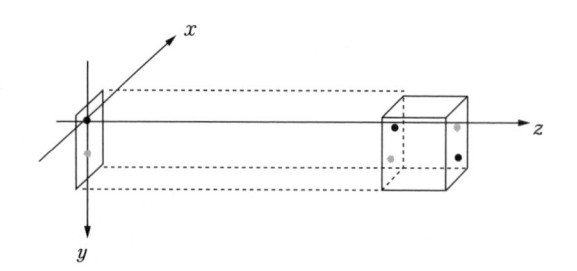

図 3.42　平行投影の関係図

〔2〕 **透視投影**　物体は通常，無限遠になく視点の近くにあるため，平行投影のようには見えない。**図 3.43** にカメラレンズによる結像の様子を示す。

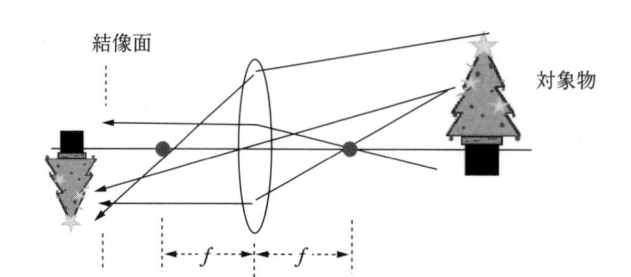

図 3.43　カメラレンズによる結像の様子（f は焦点距離を表す）

現実世界を見るとき，物体が近くにある場合は大きく見え，遠くにある場合は小さく見える。この遠近感を反映するため，透視投影法が使われる。カメラの結像では結像面はレンズ後方にあり像が上下反転するが，透視投影法では，レンズの前方にレンズの中心（主点）と点対称の位置にある仮想的結像面を考える。

距離 z にある画像情報 (x, y, z) は透視投影の結像面では，**図 3.44** の透視投影法，および**図 3.45** の透視投影法における結像と縮小に示すように a/z 倍に縮小される。通常，結像距離 a と焦点距離 f は近い値であるので，a のかわりに f が使用される。

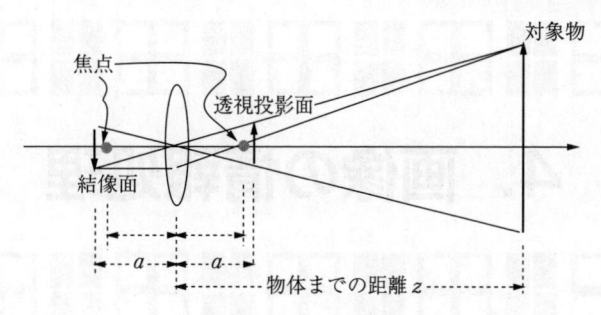

図 3.44 透視投影法

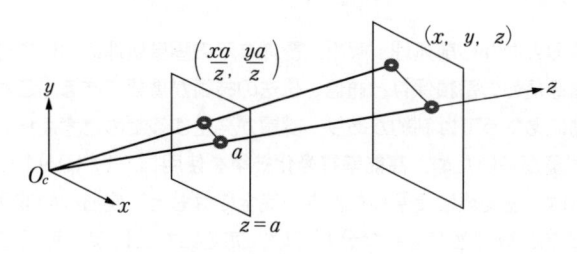

図 3.45 透視投影法における結像と縮小

演 習 問 題

（1） $\sigma^2 = \sigma_B^2(T) + \sigma_W^2(T)$ 〔式 (3.7)〕が成立することを示せ。

ヒント： $\mu_1 = \sum_{i \in S_1} \frac{ip_i}{w_1}$, $\mu_2 = \sum_{i \in S_2} \frac{ip_i}{w_2}$, $\mu_T = \sum_{i \in S} ip_i$, $S = \cup (S_1 + S_2)$, $1 = w_1 + w_2$,

$\sigma^2 = \sum_{i \in S} (i - \mu_T)^2 p_i$

（2） 画像を入力してヒストグラム分布を調べてみよ。また，種々のしきい値で2値化した結果を観察してみよ。

（3） 行列積を計算し，図 3.41 で x 軸の周りに 60°, y 軸の周りに 45°回転するアフィン変換を求めよ。

（4） 図 3.41 で先に y 軸の周りに 45°回転し，つぎに x 軸の周りに 60°回転するアフィン変換を求め，問題（3）の結果と比較せよ。

（5） 中身のわからない箱 A に赤玉 1 個，白玉 3 個が，もう一つの同様の箱に赤玉 4 個，白玉 4 個が入っていることがわかっているとする。このとき，どちらかの箱から，1 個取り出して，白が出たとき，はじめの箱 A からである確率（事後確率）を，式 (3.29) から求めよ。

（6） ハフ変換を行ったとき，ρ-θ 空間において交点が $\rho = 1.4142$, $\theta = 45°$ であった。このとき，もとのハフ変換する前の空間での 1 本の直線を推定せよ。

4. 画像の情報処理

これまで，画像の入力から前処理，解析，認識までの画像処理について述べたが，種々の応用分野では，画像情報の蓄積保存と通信・伝送の技術が重要である。これは画像は情報量が多く，その移動にあたっては制約があり，課題が発生するためと考えられる。画像は，テキストに比べ情報量が多いため，**高能率符号化**技術を使用し，1/10〜1/20 程度に**圧縮**する例が多い。通常は，圧縮後に復号したとき，完全にはもとに戻らない非可逆符号化が使用される。医用画像など厳密性が必要な分野では，完全にもとに戻る**可逆符号化**が適用される。その場合は，1/2 から 1/3 程度までにしか圧縮することができない。圧縮方式は蓄積系のように単体の機器で，閉じたシステムでは，独自の方式を使用することができるが，通信や放送などの相互接続性が必要な分野では，標準化された規格で符号化することが必要となる。

4.1 通信・蓄積・放送の処理

図 4.1 に示すように画像情報処理の応用分野は多岐にわたるが，その情報の提示の技術形態には**通信**，**蓄積**，**放送**，**インターネット**などに分類できる。これらはたがいに関連をもちながら図に示すような種々の応用に広がっている。

以下の節では，符号化の基本方式と**国際標準符号化**方式の概要について述べる。

4.2 画像の圧縮方式

画像情報の圧縮は**シャノン**[40]の情報理論をもとに 1950 年代からテレビ信号に対する**帯域圧縮**処理として，画素間・フレーム間相関などが調べられていた[41]。ディジタル信号処理の進展により，数多くの符号化方式が開発され，帯域圧縮という術語から，高能率符号化に変わった。**表 4.1** はおもな符号化システムとその符号化要素技術である。

静止画像，動画像の圧縮方式の国際標準化は**表 4.2** のようになされてきた。

図 4.2 に ITU-T での画像標準化関係の組織 ISO/IEC JTC1 SC29 WG を示す。

4.2 画像の圧縮方式

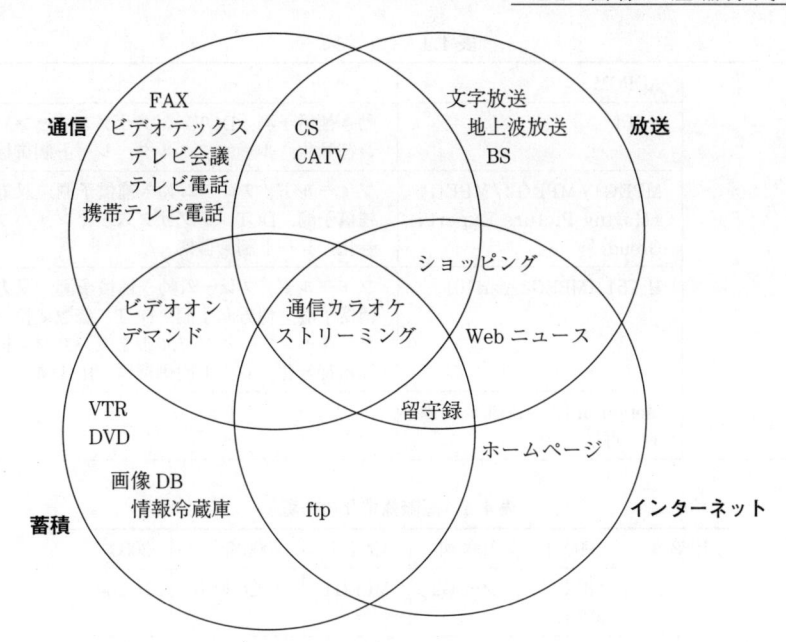

放　送：1対多の形で同報する。
通　信：電話など回線接続する。
インターネット：コンピュータでパケット送受信する。
蓄　積：CD，DVD，テープなどに記録する。

図 4.1　画像情報処理の応用分野

表 4.1　おもな符号化システムとその符号化要素技術

画像の種類	代表的符号化方式システム	符号化方式要素
2値画像	MH, MR, MMR（modified Huffman, modified read, modified modified read）	ランレングス，相対アドレス表現，ハフマン符号化
	JBIG（Joint Bi-level Image Experts Group）	ランレングス，階層的可変密度サブサンプリング，相対アドレス表現，ハフマン符号化
CG画像	Computer Graphics and Image Processing（SC24）	CGEG（Computer Graphics Experts Group）の後継で VRML（Virtual Reality Modeling Language）を規格化
多値画像		ビットプレーン符号化，ビットトランケーション符号化
自然画像	予測符号化	DPCM（differential pulse code modulation），ADPCM（adaptive DPCM）
	JPEG（Joint Photographic Experts Group）	DPCM, DCT, ジグザグスキャン，ハフマン符号化
	JPEG_LS（lossless：可逆）	水平・垂直適応予測処理，ゴロム符号，コンテキストモデリング符号化
	JPEG2000（可逆/非可逆）	ウェーブレット変換によるサブバンド分割，ビットプレーン符号化，算術符号化

表 4.1 (つづき)

動画像	ADPCM	
	H.261	動き補償予測, DCT, ジグザグスキャン, ハフマン符号化, ループフィルタ, レート制御機構
	MPEG1/MPEG2/MPEG4 (Moving Picture Experts Group)	フィールド/フレーム動き補償予測, 双方向動き補償予測, DCT, ジグザグスキャン, ハフマン符号化, レート制御機構
	H.264 (MPEG4-part10)	フィールド/フレーム動き補償予測, 双方向動き補償予測, 他方向予測, DCT, 整数変換, ジグザグスキャン, ループフィルタ, ハフマン符号化, 算術符号化, レート制御機構, R/D 計算ほか
ディジタルシネマ	Motion-JPEG (2000) 高画質, 可逆	

表 4.2 国際標準化の一覧

1988 年	1990 年	1992 年	1994 年	2000 年	2003 年
H.261	MPEG1 JPEG	MPEG2	MPEG4	JPEG2000	H.264

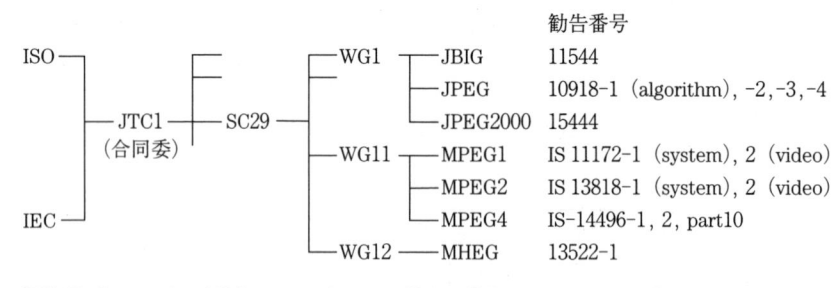

```
ISO ─┐                    ┌─ WG1 ─┬─ JBIG      勧告番号
     │                    │       │            11544
     ├─ JTC1 ─── SC29 ────┤       ├─ JPEG      10918-1 (algorithm), -2, -3, -4
     │  (合同委)           │       └─ JPEG2000  15444
IEC ─┘                    ├─ WG11 ┬─ MPEG1     IS 11172-1 (system), 2 (video)
                          │       ├─ MPEG2     IS 13818-1 (system), 2 (video)
                          │       └─ MPEG4     IS-14496-1, 2, part10
                          └─ WG12 ── MHEG      13522-1
```

ITU-T : International Telecommunications Union-Telecommunication Standardization Sector
ISO : International Standardization Organization
IEC : International Electrotechnical Commission
JTC : Joint Technical Committee
SC (sub committee) 29 : Coded representation of pictures, audio, and multimedia.
WG : Working Group
Comité Consultatif Internationale de Téléphones et Télégraphes (CCITT)

図 4.2 画像標準化関係の組織 ISO/IEC JTC1 SC29 WG

4.2.1 ファクシミリ信号の圧縮

ファクシミリは模写伝送装置ともいわれ, 原稿読取り部, 送受信部, 印刷部よりなる. 最初のアイディアは英国人の Alexander Bain によって 1843 年に発明され, 1907 年には実用化された[42]. ファクシミリは記号化しやすいアルファベット 26 文字を使用し, かつタイプライタの普及した欧米よりも, 記号数が膨大になる漢字を使う日本で発達した.

ファクシミリでは文書は通常 1 mm 当り約 4〜16 本程度のサンプル数で読み込まれ, その

情報は，おもに2値情報で白紙部を0，文字部を1で表す。文書は背景の白紙部分の割合が多く，文字部はきわめて少ない。そこで，白部分はその継続する長さ（ラン）を符号化する**ランレングス符号化**（run-length coding）がなされる。ランの長さごとの出現数の統計を調査し，出現数の多いランには短い符号を，出現数の少ないランには長い符号を割り当てる。出現数の統計量をあらかじめ調べ，各ランの出現確率からハフマン符号を決定している。

ファクシミリは相互通信を行う機器であるため，読取り線密度や圧縮方式は国際標準化されている。ファクシミリの国際標準符号化方式は**CCITT**（Consultatif Comité de Internationaux Téléphone et Télégraphe：**国際電信電話諮問委員会**）で定められた。国際標準化の圧縮符号化方式には，ハフマン符号をラン長順に扱いやすいように修正した，**モディファイドハフマン**（modified Huffman：**MH**）**符号化方式**，水平ライン方向だけでなく垂直（縦）方向の関係も使う**モディファイド 相対アドレス**（modified relative address：**MR**）**方式**，さらに同期信号を効率化した modified MR（**MMR**）がある。また，その後 ISO で電子的な書画データベースなどの蓄積とソフトコピー表示に対応できるように，階層的な表示も可能な国際標準方式 **JBIG**（Joint Bi-level Image experts Group）が定められた。

ファクシミリの国際標準規格は，**表4.3**のように機能ごとに4種の機種がある。

表4.3 ファクシミリの国際標準規格

機種グループ	おもな機能	標準伝送時間
グループ1（G1機）	アナログ電話線を介する。圧縮機能はない。	6分（A4サイズ）
グループ2（G2機）	アナログ電話線を介する。アナログの圧縮機能（AM-PM-VSB）を有する。	3分（A4サイズ）
グループ3（G3機）	電話線でモデムなどを介しディジタル圧縮（MH，MR）機能を有する。	1分（A4サイズ）
グループ4（G4機）	ISDNなどの高速ディジタル回線を介する。ディジタル圧縮（MH，MR，MMR）機能を有する。	数秒（A4サイズ，回線速度による）

4.2.2　MH および MR 符号化方式

〔1〕　**MH 符号化方式**　　MH 符号化方式（CCITT T. 4 Group3：G3[42)]）は，1 mm 当り4本または8本，16本で読み取った1 bit の画素データが黒（1）か白（0）で表されているとき，横に続く継続長の値を符号に置き換えて表す。長さ1～63は**表4.4**，64～1728は64で割った商を**表4.5**で表し，余りが表4.4になる。表4.4を **terminating code**（**終端符号**），表4.5を **make-up code**（**拡張符号**）という。1792～2560の拡張符号を**表4.6**に示す。また，表4.5の最後には，一つのラインの終了を示す **EOL**（end of line）**符号**がある。文書全体の終了時には，EOL を6回繰り返す RTC（return to control）コードを付ける。**図4.3**に

表4.4 終端符号 (terminating code)

n	白ラン	黒ラン	n	白ラン	黒ラン
0	00110101	0000110111	32	00011011	000001101010
1	000111	010	33	00010010	000001101011
2	0111	11	34	00010011	000011010010
3	1000	10	35	00010100	000011010011
4	1011	011	36	00010101	000011010100
5	1100	0011	37	00010110	000011010100
6	1110	0010	38	00010111	000011010101
7	1111	00011	39	00101000	000011010111
8	10011	000101	40	00101001	000001101100
9	10100	000100	41	00101010	000001101101
10	00111	0000100	42	00101011	000011011010
11	01000	0000101	43	00101100	000011011011
12	001000	0000111	44	00101101	000001010100
13	000011	00000100	45	00000100	000001010101
14	110100	00000111	46	00000101	000001010110
15	110101	000011000	47	00001010	000001010111
16	101010	0000010111	48	00001011	000001100100
17	101011	0000011000	49	01010010	000001100101
18	0100111	0000001000	50	01010011	000001010010
19	0001100	00001100111	51	01010100	000001010011
20	0001000	00001101000	52	01010101	000000100100
21	0010111	00001101100	53	00100100	000000110111
22	0000011	00000110111	54	00100101	000000111000
23	0000100	00000101000	55	01011000	000000100111
24	0101000	00000010111	56	01011001	000000101000
25	0101011	00000011000	57	01011010	000001011000
26	0010011	000011001010	58	01011011	000001011001
27	0100100	000011001011	59	01001010	000000101011
28	0011000	000011001100	60	01001011	000000101100
29	00000010	000011001101	61	00110010	000001011010
30	00000011	000001101000	62	00110011	000001100110
31	00011010	000001101000	63	00110100	000001100111

表4.5 拡張符号 (make-up code)

n	白ラン	黒ラン	n	白ラン	黒ラン
64	11011	0000001111	960	011010100	0000001110011
128	10010	000011001000	1 024	011010101	0000001110100
192	010111	000011001001	1 088	011010110	0000001110101
256	0110111	000001011011	1 152	011010111	0000001110110
320	00110110	000000110011	1 216	011011000	0000001110111
384	00110111	000000110100	1 280	011011001	0000001010010
448	01100100	000000110101	1 344	011011010	0000001010011
512	01100101	000000110101	1 408	011011011	0000001010100
576	01101000	0000001101101	1 472	010011000	0000001010101
640	01100111	0000001001010	1 536	010011001	0000001011010
704	011001100	0000001001011	1 600	010011010	0000001011011
768	011001101	0000001001100	1 664	011000	0000001100100
832	011010010	0000001001101	1 728	010011011	0000001100101
896	011010011	0000001110010	EOL	000000000001	000000000001

表4.6 拡張符号 1 792～2 560(make-up code)(白黒共通)

ラン長	符　号	ラン長	符　号
1 792	00000001000	2 240	000000010110
1 856	00000001100	2 304	000000010111
1 920	00000001101	2 368	000000011100
1 984	000000010010	2 432	000000011101
2 048	000000010011	2 496	000000011110
2 112	000000010100	2 560	000000011111
2 176	000000010101		

| 0111 | 10 | 1000 | 11 | 0111 | 11 | 0111 | 000000000001 |
| 白2 | 黒3 | 白3 | 黒2 | 白2 | 黒2 | 白3 | EOL |

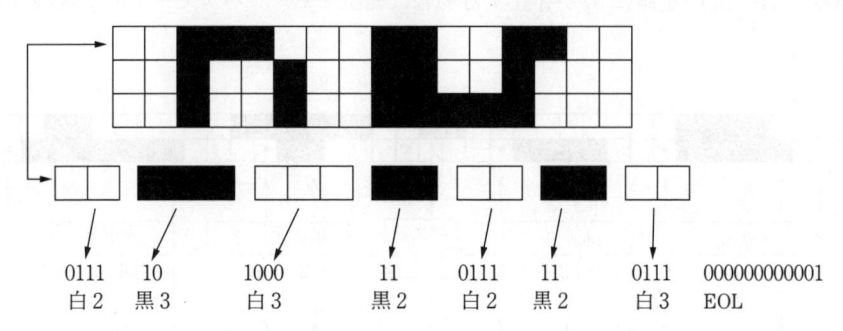

図4.3 3ラインのファクシミリ信号とその第1ラインをMH符号化した例

3ラインのファクシミリ信号とその第1ラインをMH符号化した例を示す。なお，EOL符号は第1ラインの開始前にも置かれる。また，長さ0の符号はFILL符号と呼ばれ，EOL直後や処理遅延を加えるために使用されることがある。

〔2〕 **MR 符号化方式**　第1ラインはMH符号化方式（CCITT T. 6 Group4：G4）で符号化される。

① a_0 は符号化される現在のラインの最初の変化点の位置である。新しいラインの開始時点では，第1画素の左の位置に仮想的に白（0）の a_0 を置いて処理を開始する。

② a_1 は a_0 のライン上で右にある変化の点である。この点は a_0 と異なる色で符号化される。

③ a_2 は同じライン上でつぎの変化点である。

④ b_1 は一つ上の参照ライン上において a_0 の右にある変化点である。この点は a_1 と同じ色である。

⑤ b_2 は b_1 のライン上右側にあるつぎの変化点である

以上の定義のもとで，つぎの3つのモードを順番に判定していく。

（1） パスモード：b_2 が a_1 の左にあるときにこのモードになる。このモードでは参照ラインにある変化を無視する。つぎに $a_0 = b_2$ とする。

（2） 垂直モード：このモードは a_1 の水平位置が b_1 の左右3画素以内にあるとき使用される。つぎに $a_0 = a_1$ とする。

(3) 水平モード：このモードはパスや垂直モードにならなかったとき使用される。フラッグ001に続き $a_0a_1+a_1a_2$ の白黒ランのMH符号が使われる。つぎに $a_0=a_2$ とする。

伝送エラーの波及を一定の行の幅（K行）に納めるため，K行ごとにMRをやめ，MH符号を行う。**図4.4** にMR符号化例を示す。

図4.5 にパスモードがある場合を示す。**表4.7** にMRのモード符号を示す。パスモード（符号0001）は，a_1 の左側に b_2 が存在する場合に発生する[42]。パスモードのつぎの符号化で

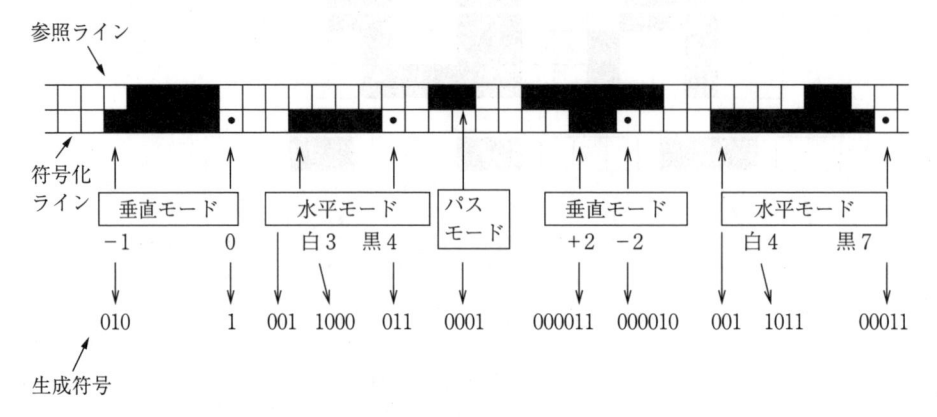

図4.4 MR符号化例

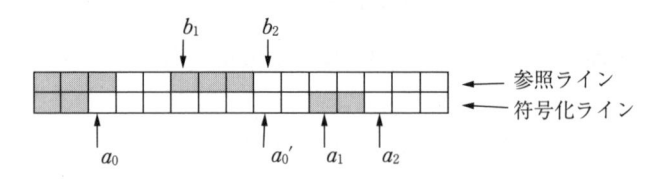

図4.5 パスモードがある場合[42]

表4.7 MRのモード符号

モード (mode)	ずれ	符号化語
パ ス (pass)		0001
水 平 (horizontal)		$001+H_w(wl)+H_b(bl)$
	+3	0000011
	+2	000011
	+1	011
垂 直 (vertical)	0	1
	-1	010
	-2	000010
	-3	0000010

wl：白ラン（white runs）の長さ，bl：黒ラン（black runs）の長さ，
H_w：白ランのハフマン符号，H_b：黒ランのハフマン符号

は，a_0をb_2の下（a_0'の位置）に移動したものとして扱う。ただし，b_2がa_1の真上にある状態はパスモードにしない。

4.2.3 MMR符号化方式

MMR符号化方式はジーフォー（G4）ファクシミリで使用される方式で，MRとほぼ同様の方式である。G4機はディジタル回線がエラーフリーであると仮定して運用されるもので，MRにおいて，各ラインの終了を示す同期用の符号「EOL」を省略することと，エラーからの復帰のため2次元MR符号化をKラインおきに停止して1次元のMH符号化を行うことをしない（$K=\infty$）。

4.2.4 JBIG方式

JBIG方式（Joint Bi-level Image experts Group）（ISO 11544, CCITT T. 82, 1993）では，階層的な符号化方式により，はじめの段階で縮小画像を提示することができる。残りの高解像の情報は，低解像度の縮小画像から予測した誤差を送る。符号化においては，事前情報への適応と，ビット処理を効率的に行うため，適応的な算術符号化が行われる。**図4.6**にJBIGの全体構成を示す。**図4.7**に画像縮小の生成と階層的符号化方式を示す。JBIG方式は，MMRに比べ文字文書で1.1～1.5倍の圧縮率の向上がある[43]。

〔1〕 **縮小画像の生成**　　入力画像は水平，垂直に1/2ずつ**PRES**（progressive reduction standard）**方式**という縮小規則により縮小される。入力画像は400 dpi（dot per inch）の場合の例を示す。縮小の階層は最大6階層まで行うことができる。各縮小画像は，符号化器Cに送られ符号化される。最低解像度画像の符号化器を除く各符号化器ではそれぞれの縮小画像と下位の解像度画像との両方を使用する。図4.7では符号化器から入力しているが，符号化前から入力してもよい。PRES方式で使用する参照画素を**図4.8**に示す。上にある高解像度画像から，下にある低解像度画像を生成していく。いま，低解像度画像のX, Y, Zまで処理が終わった段階で，つぎにPと名付けた低解像度の画素を生成するものとする。参照できる画素は，高解像度画像のa, b, c, d, e, f, g, h, iと低解像度画像のX, Y, Zの12個である。これらから，まず基本演算式（フィルタ処理）

$$\text{SUM} = e \times 4 + (b+d+f+h) \times 2 + a+c+g+i - X - (Y+Z) \times 3$$

によりSUMを求め，5以上なら$P=1$（黒），そうでなければ$P=0$（白）とする。この基本処理は平均的な濃度を表せるが，細い線を保持するなどのため，例外処理を設けてある。例外処理は参照画素12 bitのパターンが554個あり，6 bitずつに分け，64種ずつ縦横の表に記載されている。**表4.8**に示す参照画素のインデックスのうち，上位6 bitの11から6までの6 bitが指標となり，下位6 bitの64個のデータが縮小後の値（0か1の色）として決め

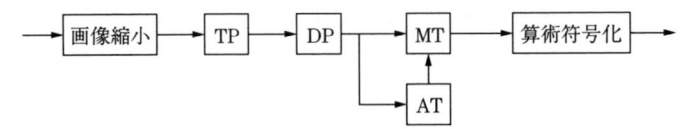

90　4. 画像の情報処理

```
→ 画像縮小 → TP → DP → MT → 算術符号化 →
                          ↑
                          AT
```

TP：typical prediction（典型的予測），　DP：deterministic prediction
　　　　　　　　　　　　　　　　　　　　　　　（決定論的予測）
MT：model template（モデルテンプレート），　AT：adaptive template
　　　　　　　　　　　　　　　　　　　　　　　（適応テンプレート）

図 4.6　JBIG の全体構成

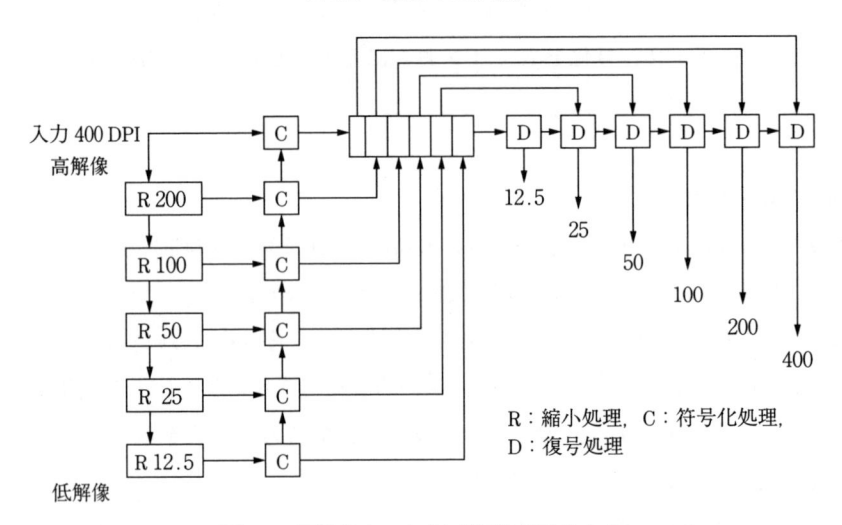

図 4.7　画像縮小の生成と階層的符号化方式

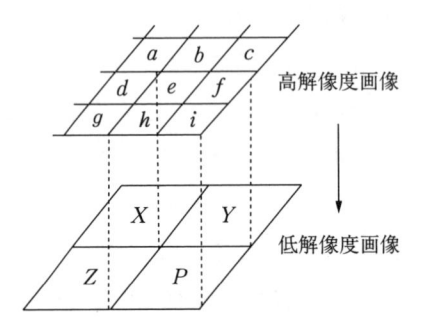

R：縮小処理，C：符号化処理，D：復号処理

図 4.8　PRES 方式で使用する参照画素

表 4.8　参照画素のインデックス

X	Y	Z	a
11	10	9	8
b	c	d	e
7	6	5	4
f	g	h	i
3	2	1	0

られている。この規則は PRES 変換テーブルという表を参照しながら，実行される。

〔2〕**典型的予測方式**　**典型的予測**（typical prediction：**TP**）方式は，下位の縮小画像データから一つ上位の階層の画像を予測する処理（TP differential layer：**TPD**）と最低解像度の画像は，その画像内で予測処理をする（TP base layer：**TPB**）2 種がある。TPD では，図 4.9 のように上位階層の 4 画素とそれを囲む下位画素 9 個の値により上位画素 4 個の値を予測し，ライン全体で，予測が正しいか，1 画素以上の誤りがあるかの識別記号を符号化

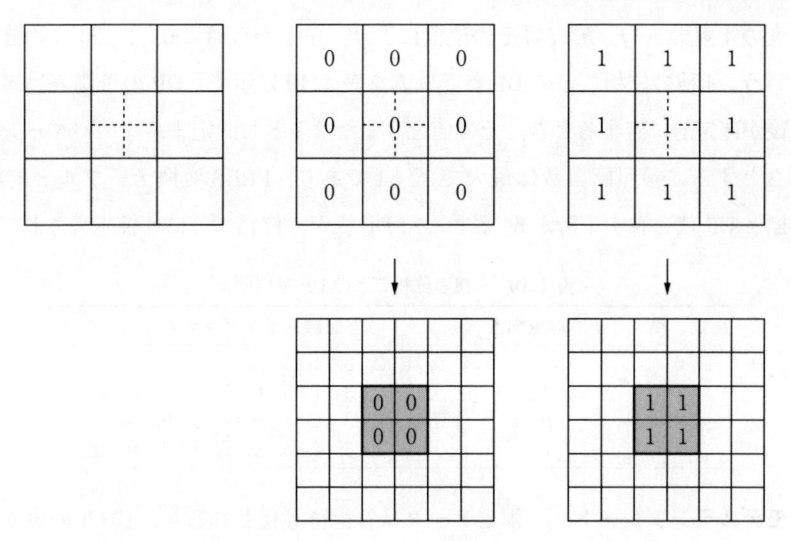

図 4.9 典型的予測（TPD）での下位画像からの上位画像の予測

する。予測がすべて正しい場合は，そのラインの符号化は行わない。また，1画素以上の誤りがある場合は，そのライン全体を通常の方式で符号化する。TPDの予測は，下位画素9個がすべて0のとき0と予測し，すべて1のとき1と予測する。それ以外は予測せず，予測誤りの扱いにする。TPBでは上ラインとすべてが一致する場合のみ一致とする。

〔3〕 **決定論的予測方式** **典型的予測**（deterministic prediction：**DP**）**方式**では，ライン全体をスキップするかどうかの判定をしているだけであるが，決定論的予測では，画素ごとに事前パターンを照合して，縮小画像作成規則（PRES）に合致するパターンの検索を行い，当該画素の省略を行う。DP処理での画素の関係を**図 4.10**に示す。この図において，高解像度画像の e, f, h, i の4点を予測する。すでにある低解像度の4画素と，高解像度の9画素のうち，すでに予測符号化が終了し，値のわかっているものをすべて使う。すべてのDP参照画素のインデックスを**表 4.9**に示す。

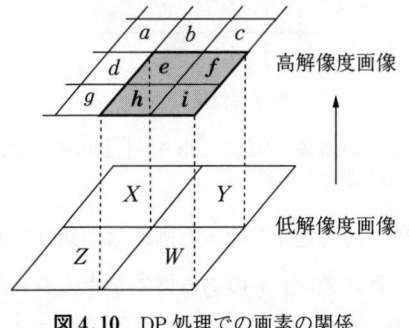

図 4.10 DP処理での画素の関係

表 4.9 DP参照画素のインデックス

X	Y	Z	W
0	1	2	3
a	b	c	d
4	5	6	7
e	f	g	h
8	9	10	11
i			
12			

高解像度の4画素 e, f, h, i はその位置により，左上から順に 0, 1, 2, 3 の位相の位置にあるという。4種の位相ごとの DP 参照画素を**表 4.10** に示す。DP の予測表は事前パターンから事後が確定的に定まるとき，その値を 0 または 1 とし，定まらないパターンであるとき，値を 2 とする。参照画素数は最大で 12 bit であり，PRES 変換テーブルと同様な 6 bit ごとの指標と DP 値を表す 1 桁が 64 個並んだ DP 表が，位相ごとに 4 種定義されている。

表 4.10 4種の位相ごとの DP 参照画素

位 相	予測対象画素	参照画素インデックス
0	e	0, 1, 2, 3, 4, 5, 6, 7
1	f	0, 1, 2, 3, 4, 5, 6, 7, 8
2	h	0, 1, 2, 3, 4, 5, 6, 7, 8, 9, 10
3	i	0, 1, 2, 3, 4, 5, 6, 7, 8, 9, 10, 11

〔4〕 **モデルテンプレート**　画素データは算術符号化されるが，12 bit の事前状態を有するマルコフモデルを使用する。**図 4.11** に**モデルテンプレート**（model template：**MT**）と称する事前状態の画素の位置を示す。低解像度画像が4点，高解像度画像が6点，位相の位置情報が4種で2bit で合計 12 bit になる。

最低解像度のモデルテンプレートは3ライン使用のものと2ライン使用のものとがあり，各 10 bit の事前状態を使う。

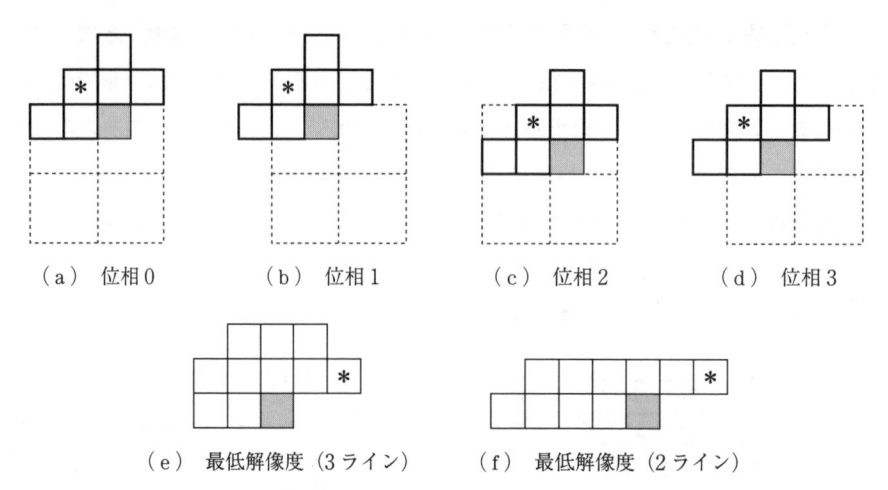

（a）位相 0　　（b）位相 1　　（c）位相 2　　（d）位相 3

（e）最低解像度（3ライン）　　（f）最低解像度（2ライン）

図 4.11　モデルテンプレート（大きい □ が低解像度の画素，小さい □ が高解像度の画素，塗りつぶした ■ が符号化される画素）

〔5〕 **適応テンプレート**　組織的ディザ，網点処理を行った画像は周期性のある特殊な性質をもっている。そのような画像に対し，テンプレートのある画素を指定された他の位置の画素と置き換えることができる。置換えは，画像の性質を調査のうえ，数ラインまとめたストライプの先頭で位置を指定する。**適応テンプレート**（adaptive template：**AT**）の入替

え位置は，図4.11の＊で示された画素位置である。

〔6〕**算術符号化**　以上の処理により，除去された残りのビット系列は，2^{10}または2^{12}の事前状態を有する算術符号化器によって符号化される。JBIGではQM-coderと呼ばれる算術符号化方式がなされる。

4.2.5　デルタ変調，DPCM符号化方式

デルタ変調（delta modulation：ΔM）符号化方式と**差分パルス符号化変調**（differential pulse code modulation：DPCM）符号化方式は，ともに予測符号化方式の一種で，直前の画素値から現在の画素値を予測し，その予測誤差を符号化する方式である。固定の値±Δの2種の予測誤差しか使用しないのがデルタ変調（ΔM）方式で，3種以上の種類の予測誤差符号があるのがDPCMである。

〔1〕**デルタ変調方式**　デルタ変調方式は予測符号化方式で最も単純な方式で，1時刻に1 bitの符号を発生する。**図4.12**にデルタ変調（ΔM）方式の送信側の構成を示す。入力$g(t)$はアナログ信号でもかまわない。系全体は一定時間間隔の信号（クロック）ごとに1回ずつディジタル演算がなされていく。入力信号$g(t)$から予測値p_nが減算器で差し引かれる。予測誤差$e_n = g(t) - p_n$は正負判定器で正負の判定がなされ，$+\Delta$または$-\Delta$のどちらかに割り当てられる。この正負の値が符号となり，0または1の1 bitが1時刻に1回出力される。一方，変化分を意味する出力の値は加算器で予測値p_nと加算される。加算結果$p_{n+1} = p_n \pm \Delta$はメモリに記録され，つぎの時刻$n+1$の予測値として使用される。以上が送信側（符号化側）の動作である。

受信側（復号側）は逆の構成になるが，図中点線で囲んだ部分と同じ構成回路が受信側にあり，初期値を合わせた後は，送信側のメモリの値と同じ値を維持しつづけるようになって

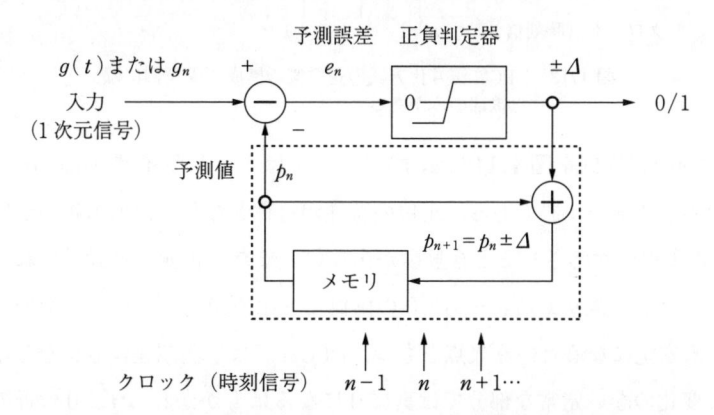

図4.12　デルタ変調（ΔM）方式の送信側の構成（受信側には点線部のみがある）

いる。送信側にある点線部分は受信側と同じ動作をするもので，**局所復号器**（local decoder）と呼ばれている。

ΔMにより，原信号が8 bit/画素であるとき，符号化結果は1 bit/画素となるため，圧縮率は8となる。変化の激しい信号に対しては，十分追従ができないため，符号化誤差が大きくなる。ΔMでの復号画像の画質は，一般に悪くなるため，現在ではつぎのDPCM方式を使用することが多い。ただし，ΔMでも標本化密度を高くすれば誤差は減少できる。

〔2〕 **差分パルス符号化変調方式** 差分パルス符号化変調方式は，ΔMの予測誤差を多値で量子化するものに高度化したもので，符号量は増えるが，表現の精度も向上する。**図4.13**にDPCM符号化方式の送信側の構成を示す。構成はΔMと類似しているが，正負判定器のかわりに**量子化器**（quantizer）を用いる。したがって，その出力も±Δではなく，多値の一般形のd_nで表す。出力符号はd_nの値そのものではなく，量子化したときの量子化値の順番などのindexのみで十分である。また，予測誤差が多値になったのに対応し，加算器やメモリ，予測値のデータも多値になる。

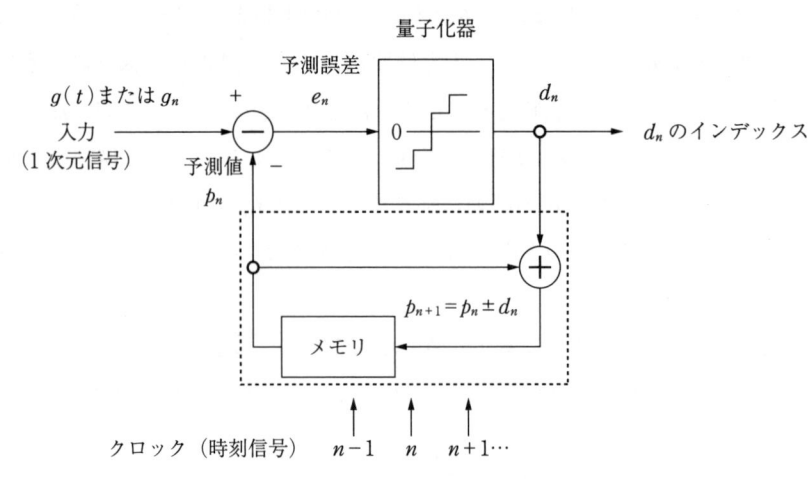

図4.13 DPCM符号化方式の送信側の構成（受信側には点線部のみがある）

一様量子化器の特性例を**図4.14**に示す。図（a）は**ミッドライザ**（mid-riser）形の特性で間隔が一定の一様量子化器である。正負の特性が対称となり，出力の種類が偶数個になるため，2進数の表現に対応させるとき無駄が出ない。また，正側だけ設計すれば，負側は同じ処理が適用できる特徴がある。一方，0の両側で，出力が大きく異なるため，微小な予測誤差に対して不安定になるという欠点をもつ。DPCMでは予測誤差は0になる確率が高く，また，画像に変化のない定常な部分では真に0になるにもかかわらず，0付近のわずかな差異により，結果が+Δになったり，−Δになったり振動することは都合が悪い。そこで，図（b）のような**ミッドトレッド**（mid-tread）形の特性が使われることが多い。これは，0を

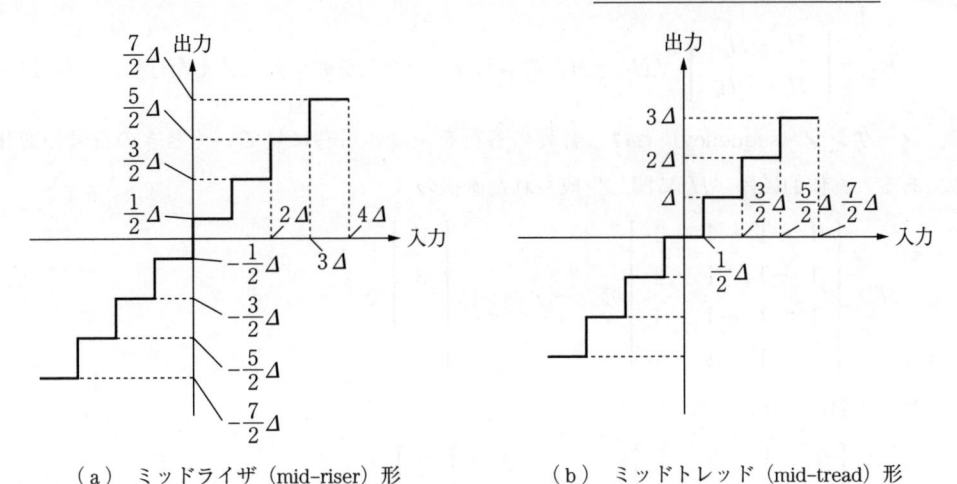

(a) ミッドライザ（mid-riser）形　　　　（b）ミッドトレッド（mid-tread）形

図 4.14 一様量子化器の特性例

中心に Δ の範囲はすべて量子化結果が 0 になるため，変化のない定常的部分でも振動せず収束する動作をする．この特性では，0 以外の正負の量子化部分が偶数個あるため，総合では量子化出力の種類が奇数個になるという問題がある．

DPCM により，原信号が 8 bit/画素であるとき，符号化結果は量子化器の特性の精度により例えば 3〜5 bit/画素程度となるため，直接的な圧縮率は約 2 程度となる．量子化の種類を 16 階調とすれば 4 bit，32 階調とすれば 5 bit で表現できる．この階調の種類は，そのまま 2 進符号にする場合に加えて，出現頻度に応じて可変長符化（ハフマン符号化など）することにより平均の符号量を減少できる．さらに，ある範囲の領域ごとに量子化器や可変長符号を切り替えるなどにより，圧縮率を高めることができる．このようなパラメータ変更をすることを適応処理といい，**適応的 DPCM 方式**（adaptive DPCM：**ADPCM**）として多くの手法が検討されている．

DPCM の誤差解析については，文献 44) に詳しく述べられている．

4.2.6　アダマール変換符号化方式

アダマール変換（Hadamard transform）は，フーリエ変換の近似演算として周波数の分析や合成ができ，変換の係数はすべて ±1 からなる．乗算がなくなり，加減算のみで計算ができるため，古くからフーリエ変換の代用として使用されてきた．アダマール変換の行列は 2×2 の基本形 H_2 から以下のようにして再帰的に生成ができる[24]．

$$H_2 = \begin{bmatrix} 1 & 1 \\ 1 & -1 \end{bmatrix} \tag{4.1}$$

4. 画像の情報処理

$$H_{2n}^0 = \begin{bmatrix} H_n & H_n \\ H_n & -H_n \end{bmatrix} \quad (H_{2n} = H_{2n}^0 \text{の各行をシーケンシ順に入れ替えた行列}) \qquad (4.2)$$

で，**シーケンシ**（sequency）とは，行列の各行を左端から右に見ていくときの符号の変化数である。具体的には，H_4 に関し生成された直後の

$$H_4^0 = \begin{bmatrix} 1 & 1 & 1 & 1 \\ 1 & -1 & 1 & -1 \\ 1 & 1 & -1 & -1 \\ 1 & -1 & -1 & 1 \end{bmatrix} \text{のシーケンシは} \begin{bmatrix} 0 \\ 3 \\ 1 \\ 2 \end{bmatrix} \text{で}$$

シーケンス順に入れ替えた

$$H_4 = \begin{bmatrix} 1 & 1 & 1 & 1 \\ 1 & 1 & -1 & -1 \\ 1 & -1 & -1 & 1 \\ 1 & -1 & 1 & -1 \end{bmatrix} \text{のシーケンシは} \begin{bmatrix} 0 \\ 1 \\ 2 \\ 3 \end{bmatrix} \text{である。}$$

同様に

$$H_8 = \begin{bmatrix} 1 & 1 & 1 & 1 & 1 & 1 & 1 & 1 \\ 1 & 1 & 1 & 1 & -1 & -1 & -1 & -1 \\ 1 & 1 & -1 & -1 & -1 & -1 & 1 & 1 \\ 1 & 1 & -1 & -1 & 1 & 1 & -1 & -1 \\ 1 & -1 & -1 & 1 & 1 & -1 & -1 & 1 \\ 1 & -1 & -1 & 1 & -1 & 1 & 1 & -1 \\ 1 & -1 & 1 & -1 & -1 & 1 & -1 & 1 \\ 1 & -1 & 1 & -1 & 1 & -1 & 1 & -1 \end{bmatrix} \qquad (4.3)$$

である。

画像信号を8画素ずつ切り出し，**1次元アダマール変換**する簡易アダマール変換の例を**図4.15**に示す。切り出した8画素の信号を8次の縦ベクトル g で表すと，1次元アダマール変換は式 (4.4) のような積で計算される。結果を8次の縦ベクトル f とすると

$$f = Hg \qquad (4.4)$$

となる。ただし

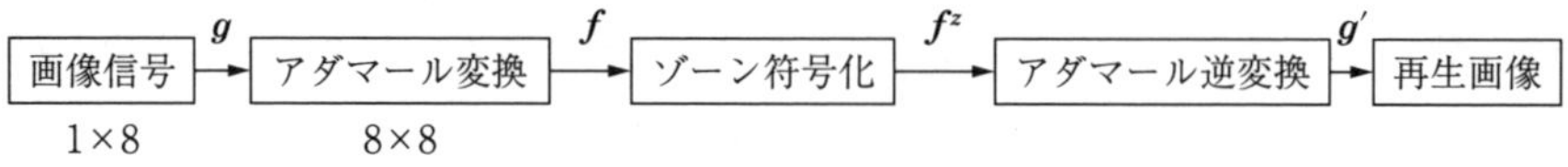

画像信号 $\xrightarrow{g}$ アダマール変換 $\xrightarrow{f}$ ゾーン符号化 $\xrightarrow{f^z}$ アダマール逆変換 $\xrightarrow{g'}$ 再生画像
　　1×8　　　　　8×8

図4.15 1次元アダマール変換する簡易アダマール変換の例

$$\boldsymbol{f} = \begin{bmatrix} f_0 \\ f_1 \\ f_2 \\ f_3 \\ f_4 \\ f_5 \\ f_6 \\ f_7 \end{bmatrix}, \quad \boldsymbol{g} = \begin{bmatrix} g_0 \\ g_1 \\ g_2 \\ g_3 \\ g_4 \\ g_5 \\ g_6 \\ g_7 \end{bmatrix} \tag{4.5}$$

である.

$\boldsymbol{f}$ の成分は周波数の低い成分から高い成分の順に並んでいる.画像の統計的性質は通常,低い周波数の成分が多く,高い周波数の成分は少ないため,$\boldsymbol{f}$ の成分も前半に絶対値の大きい値があり,後半は小さい値になっていることがほとんどである.これを画像信号のエネルギーが低域に集中したという.そこで,例えば前半の 4 個を取り出し保存し,後半の 4 個を削除するという処理を考える.この処理結果を $\boldsymbol{f}^z$ とする〔式 (4.6)〕.

このように,変換領域の一部分を取り出す符号化処理を**ゾーナルサンプリング**(zonal sampling)という.ここではその後の量子化処理を省略し,実数データとして保存されているものとする.

$$\boldsymbol{f}^z = \begin{bmatrix} f_0 \\ f_1 \\ f_2 \\ f_3 \\ 0 \\ 0 \\ 0 \\ 0 \end{bmatrix} \tag{4.6}$$

半分のデータが失われたデータに対し,アダマール逆変換を施すと,逆変換は

$$\boldsymbol{g}^* = \frac{1}{8} H \boldsymbol{f}^z \tag{4.7}$$

となる.$\boldsymbol{g}^*$ が復元された再生画像で復号画像と呼ぶ.もとの画像データに近いデータが得られる.平均的な誤差は,途中で削除されたデータの誤差によるものである.アダマール変換は直交変換の一種であるため,逆変換は転置行列であるが,正変換と同じ行列となり,定数分だけ調整(正規化)をすればよい.

アダマール変換符号化方式は,計算が加減算のみの簡易な構成であるため,サイズの大きい変換を行ったり,テレビ信号の**複合信号(コンポジット信号)**を直接ディジタル化した情

報量の多い動画像信号を実時間符号化するときなど,処理量の多い方式の計算量の低減に使用されることがある。

4.2.7 コサイン変換符号化方式

〔1〕 **コサイン変換と符号化**　cosine 実数関数のみから生成された**離散コサイン変換**（discrete cosine transform：**DCT**）は,画像の圧縮に適した変換として,静止画像の国際標準圧縮符号化方式 JPEG や動画像の国際標準圧縮符号化方式 H.261, MPEG-1, MPEG-2, MPEG-4 などに使用されている。

コサイン変換行列は,後出する符号化誤差の2乗平均値が最小となる **KL 変換**行列の平均的な形状と類似しているため,符号化効率が高い。DCT 行列は,コサインを用いて位相項などの異なるものが何種か定義されているが〔式 (4.8), (4.9) ほか〕,標準方式では式 (4.9) が採用されており,以下,式 (4.9) を使用する。

$$\left.\begin{aligned} C(0) &= \frac{1}{\sqrt{N}} \left\{ \frac{1}{\sqrt{2}} g(0) + \sum_{i=1}^{N-1} g(i) \right\} \\ C(k) &= \frac{1}{\sqrt{N}} \left\{ g(0) + \sqrt{2} \sum_{i=1}^{N-1} g(i) \cos \frac{ik}{N} \pi \right\} \quad (k=1, 2, \cdots, N-1) \end{aligned}\right\} \quad (4.8)$$

$$\left.\begin{aligned} C(0) &= \frac{1}{\sqrt{N}} \sum_{i=0}^{N-1} g(i) \\ C(k) &= \sqrt{\frac{2}{N}} \sum_{i=0}^{N-1} g(i) \cos \frac{(2i+1)k}{2N} \pi \quad (k=1, 2, \cdots, N-1) \end{aligned}\right\} \quad (4.9)$$

式 (4.9) の**逆変換**（inverse DCT：**IDCT**）は

$$g(i) = \frac{1}{\sqrt{N}} \left\{ C(0) + \sqrt{2} \sum_{k=1}^{N-1} C(k) \cos \frac{(2i+1)k}{2N} \pi \right\} \quad (i=0, 1, 2, \cdots, N-1) \quad (4.10)$$

となる。

式 (4.9) の係数 $1/\sqrt{N}$ は正規直交化するためのもので,実際の演算では,式 (4.11), (4.12) のように,逆変換によってすべての係数の調整を行い,計算量の節約を図ることができる。

$$\left.\begin{aligned} C(0) &= \sum_{i=0}^{N-1} g(i) \\ C(k) &= 2 \sum_{i=0}^{N-1} g(i) \cos \frac{(2i+1)k}{2N} \pi \quad (k=1, 2, \cdots, N-1) \end{aligned}\right\} \quad (4.11)$$

$$g(i) = \frac{1}{N}\left\{C(0) + \sum_{i=1}^{N-1} C(k)\cos\frac{(2i+1)k}{2N}\pi\right\} \quad (i=0, 1, 2, \cdots, N-1) \tag{4.12}$$

DCT は行列で表現することができるが，JPEG, MPEG-1, MPEG-2, MPEG-4 で使用されている 8×8 の DCT 変換行列の成分値を行列 (4.13), (4.14) に示す．また，その大きさをグラフ化したものが**図 4.16** である．

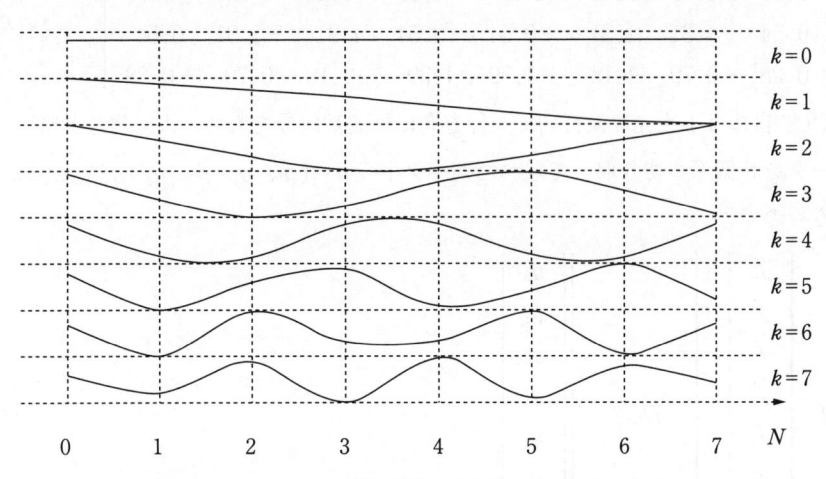

図 4.16 8×8 の DCT 変換行列の成分値をグラフ化したもの

$$\frac{1}{2}\begin{bmatrix} \frac{1}{\sqrt{2}} & \frac{1}{\sqrt{2}} & \frac{1}{\sqrt{2}} & \frac{1}{\sqrt{2}} & \frac{1}{\sqrt{2}} & \frac{1}{\sqrt{2}} & \frac{1}{\sqrt{2}} & \frac{1}{\sqrt{2}} \\ \cos\frac{1}{16}\pi & \cos\frac{3}{16}\pi & \cos\frac{5}{16}\pi & \cos\frac{7}{16}\pi & \cos\frac{9}{16}\pi & \cos\frac{11}{16}\pi & \cos\frac{13}{16}\pi & \cos\frac{15}{16}\pi \\ \cos\frac{2}{16}\pi & \cos\frac{6}{16}\pi & \cos\frac{10}{16}\pi & \cos\frac{14}{16}\pi & \cos\frac{18}{16}\pi & \cos\frac{22}{16}\pi & \cos\frac{26}{16}\pi & \cos\frac{30}{16}\pi \\ \cos\frac{3}{16}\pi & \cos\frac{9}{16}\pi & \cos\frac{15}{16}\pi & \cos\frac{21}{16}\pi & \cos\frac{27}{16}\pi & \cos\frac{33}{16}\pi & \cos\frac{39}{16}\pi & \cos\frac{45}{16}\pi \\ \cos\frac{4}{16}\pi & \cos\frac{12}{16}\pi & \cos\frac{20}{16}\pi & \cos\frac{28}{16}\pi & \cos\frac{36}{16}\pi & \cos\frac{44}{16}\pi & \cos\frac{52}{16}\pi & \cos\frac{60}{16}\pi \\ \cos\frac{5}{16}\pi & \cos\frac{15}{16}\pi & \cos\frac{25}{16}\pi & \cos\frac{35}{16}\pi & \cos\frac{45}{16}\pi & \cos\frac{55}{16}\pi & \cos\frac{65}{16}\pi & \cos\frac{75}{16}\pi \\ \cos\frac{6}{16}\pi & \cos\frac{18}{16}\pi & \cos\frac{30}{16}\pi & \cos\frac{42}{16}\pi & \cos\frac{54}{16}\pi & \cos\frac{66}{16}\pi & \cos\frac{78}{16}\pi & \cos\frac{90}{16}\pi \\ \cos\frac{7}{16}\pi & \cos\frac{21}{16}\pi & \cos\frac{35}{16}\pi & \cos\frac{49}{16}\pi & \cos\frac{63}{16}\pi & \cos\frac{77}{16}\pi & \cos\frac{91}{16}\pi & \cos\frac{105}{16}\pi \end{bmatrix}$$

(4.13)

行列 (4.13) は，8 次の DCT 変換行列の成分の三角関数表現（$N=8$，$\sqrt{8} = 2\sqrt{2}$ 倍してある）である．

$$\frac{1}{\sqrt{8}}\begin{bmatrix} 1 & 1 & 1 & 1 & 1 & 1 & 1 & 1 \\ 1.39 & 1.18 & 0.79 & 0.28 & -0.28 & -0.79 & -1.18 & -1.39 \\ 1.31 & 0.54 & -0.54 & -1.31 & -1.31 & -0.54 & 0.54 & 1.31 \\ 1.18 & -0.28 & -1.39 & -0.79 & 0.79 & 1.39 & 0.28 & -1.18 \\ 1 & -1 & -1 & 1 & 1 & -1 & -1 & 1 \\ 0.79 & -1.39 & 0.28 & 1.18 & -1.18 & -0.28 & 1.39 & -0.79 \\ 0.54 & -1.31 & 1.31 & -0.54 & -0.54 & 1.31 & -1.31 & 0.54 \\ 0.28 & -0.79 & 1.18 & -1.39 & 1.39 & -1.18 & 0.79 & -0.28 \end{bmatrix} \quad (4.14)$$

このDCT自体は1次元変換行列で，行方向に周波数成分をもち，入力信号と乗じられる。画像データを8個ずつ切り取って並べた列ベクトル $g = (g_0, g_1, g_2, g_3, g_4, g_5, g_6, g_7)^T$ を変換するもので

$$f = \begin{bmatrix} f_0 \\ f_1 \\ f_2 \\ f_3 \\ f_4 \\ f_5 \\ f_6 \\ f_7 \end{bmatrix} = \begin{bmatrix} DCT \end{bmatrix} \begin{bmatrix} g_0 \\ g_1 \\ g_2 \\ g_3 \\ g_4 \\ g_5 \\ g_6 \\ g_7 \end{bmatrix} \quad (4.15)$$

のように変換する。

2次元画像データに対しては，画像を横成分と縦成分に分離して，それぞれに対して1次元のDCTを行う。Gを画像から切り出した8×8画素の画像ブロックとし，Fを変換結果の8×8行列とすると

$$F = [DCT] \cdot G \cdot [DCT]^T \quad (4.16)$$

のように表される。

左側の$[DCT]$は縦変換を行い，$[DCT]^T$は$[DCT]$の転置行列で，横変換を担っている。

〔2〕**ゾーナルサンプリングによる固定長量子化方式**　DCTを用いた静止画像の符号化例として，画像の状態によらず，つねに一定の量子化を行う方式がある。**図4.17**に示すようなブロック構成で，8×8画素のブロックは2次元DCTされた後，変換された64個のデータごとに分布を調べ，量子化bit数の配分を行う。各ブロックの左上の(0, 0)要素はいわゆる**直流**（**DC**）といわれる成分で，64個の全画素値の総和に正規化係数が乗じられたもので，正の値になっている。これ以外は**交流**（**AC**）成分で，正負になり，平均が0の値である。交流成分の分散を求め，分散値の大きさに応じて量子化bit数を決定すれば，誤差の2乗平均は最小に向かう。

4.2 画像の圧縮方式

画像の順次拡大と 8×8 ブロックの切出し　　　　　輝度の大きさ

53	55	53	56	64	75	105	135
57	56	53	72	80	113	143	152
57	58	77	85	113	136	154	169
60	80	96	126	137	152	168	178
82	107	130	149	161	173	181	190
110	138	160	166	177	185	193	190
139	162	173	184	185	195	193	193
157	176	184	191	201	197	194	196

1 072	−225	−4	−23	−6	−4	−4	−3
−311	−54	61	2	11	6	1	0
−14	58	27	2	3	−2	−1	0
−9	16	−1	−12	−4	−1	−2	0
−7	8	−6	−8	9	−5	−3	−1
−9	6	−2	−5	3	−2	1	−1
−2	3	−1	−2	0	−6	5	10
−1	0	1	0	1	−4	6	3

8×8 原画像値　　　　　　変換後の値

8 ブロック　　原画像 $G(8, 8)$ → 変換後 $F(8, 8)$ → 量子化後 $Q(F)$ → 出力ビット

$$\begin{bmatrix} 9 & 7 & 6 & 5 & 4 & 3 & 2 & 1 \\ 7 & 6 & 5 & 4 & 3 & 2 & 1 & 0 \\ 6 & 5 & 4 & 3 & 2 & 1 & 0 & 0 \\ 5 & 4 & 3 & 2 & 1 & 0 & 0 & 0 \\ 4 & 3 & 2 & 1 & 0 & 0 & 0 & 0 \\ 3 & 2 & 1 & 0 & 0 & 0 & 0 & 0 \\ 2 & 1 & 0 & 0 & 0 & 0 & 0 & 0 \\ 1 & 0 & 0 & 0 & 0 & 0 & 0 & 0 \end{bmatrix}$$

変換後データの大きさ　　　　　量子化ビット配分表

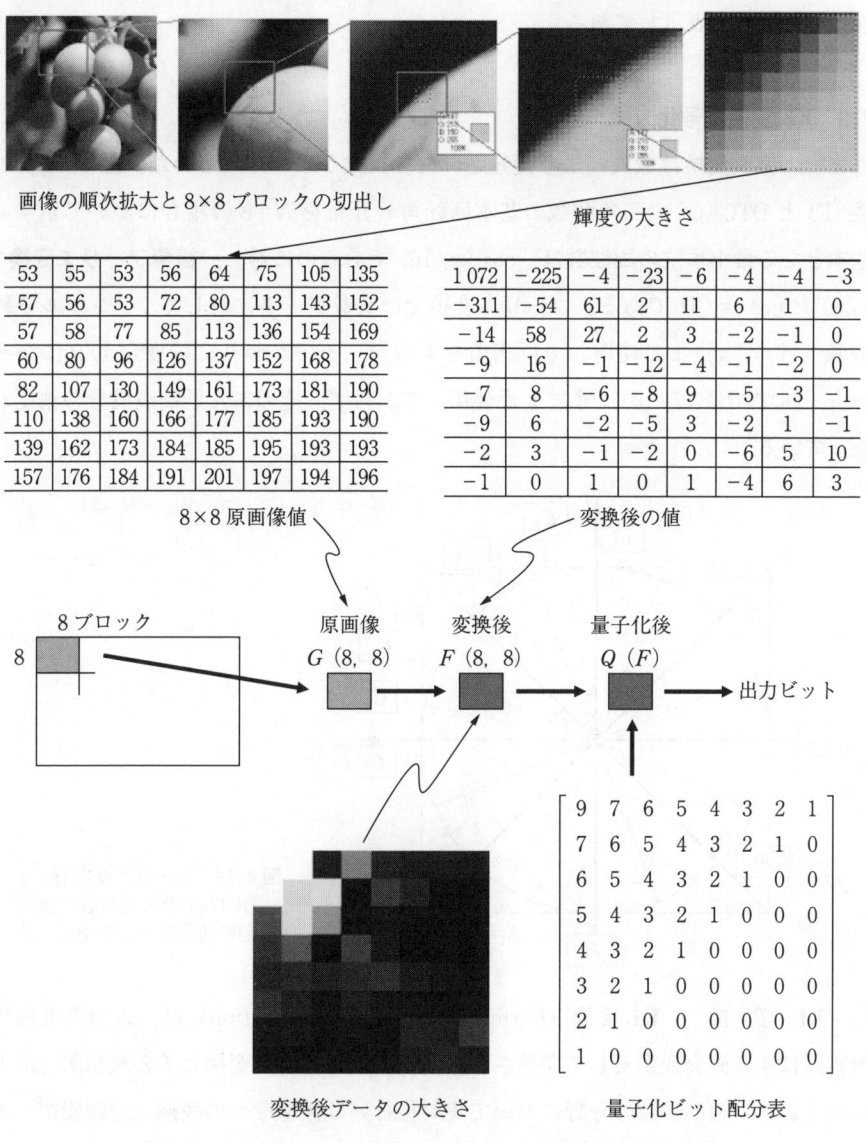

図 4.17　ゾーナルサンプリングによる固定長量子化符号化方式

この符号化により，一つのブロックは，合計 121 bit で符号化される。1 画素 8 bit のモノクロ画像を原画像とすれば，原画像の情報量は 64×8＝512 bit であり，この符号化により，4.23 の圧縮率が得られることがわかる。

図 4.17 では，まず画像を順次拡大して 8×8 画素のブロックを取り出す様子を示している。8×8 画素のブロックは輝度の大きさが黒から白の段階的な明るさで示されている。その値が 8×8 画素の原画像値として表に示されている。DCT 変換後の値の表とその絶対値を明暗表示した変換後データの大きさが示されている。変換後データの大きさは，絶対値の小

さいものを強調して表示してある。

4.2.8 KL変換符号化方式

これまでの直交変換は数式により規定された変換式が用いられていた。図 4.18 にフーリエ変換 (F) と DTC (C) の三角関数の基本回転角の分布を $N=8$ の場合について示す。DCT では基本となる最小単位の周波数は，$\cos(\pi/16)$ であるのに対し，**複素フーリエ変換**では，$\sin(\pi/4)$ と $\cos(\pi/4)$ である。フーリエ変換では実数データに対して，サンプルを約2倍の周波数〔$(7/4)\pi$〕まで使用して位相項をもつが，そのかわりに精度が 1/2 になっている。一方，DCT では $(7/16)\pi$ までしか使用しておらず，そのぶん低周波成分の精度が2倍高くなっている。

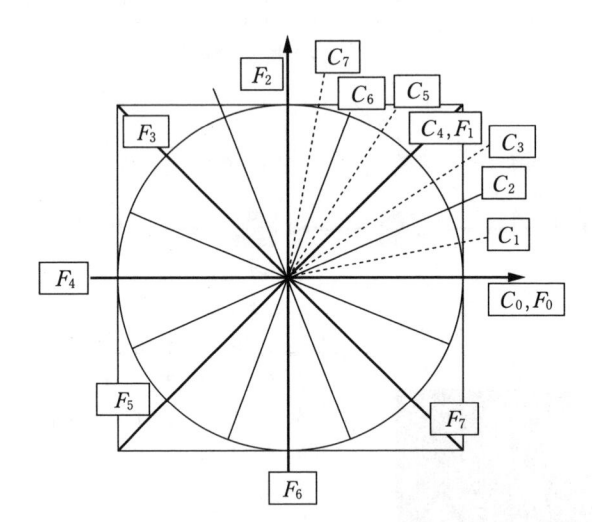

図 4.18 フーリエ変換 (F) と DCT(C) の三角関数の基本回転角の分布 ($N=8$)

〔1〕 **KL 変 換**　KL変換（Karhunen-Loève transformation）は，入力画像信号を完全に無相関にする直交変換として開発されたものである。直交変換とその無相関性は古くから知られており，線形代数の分野において実対称行列は標準形への変換（主軸変換）ができることが示されている。入力画像がガウス分布であると仮定したときに，係数の打切りや量子化まで含め，KL変換は平均2乗誤差が最小になる変換であることが証明されている[45]。以下，KL変換の定義について述べる。

〔2〕 **1次元 KL 変換**　信号のベクトル g とその転置ベクトルを g^T とすると，それらの**テンソル積** $g \cdot g^T$ は**実対称行列**になる。したがって，$C = g \cdot g^T$ の**固有ベクトル**からなる直交行列 Φ を求めると

$$\Phi^T \cdot g \cdot g^T \cdot \Phi = \Lambda \tag{4.17}$$

または

$$g \cdot g^T \cdot \Phi = \Phi \cdot \Lambda$$

となる。ただし，Λ は Φ に対応する**固有値**を対角成分に大小順に並べた行列で

$$\Phi = \begin{bmatrix} \phi_{0,0} & \phi_{0,1} & \cdots & \phi_{0,N-1} \\ \phi_{1,0} & \phi_{1,1} & \cdots & \vdots \\ \vdots & \vdots & \vdots & \vdots \\ \phi_{N-1,0} & \phi_{N-1,0} & \cdots & \phi_{N-1,N-1} \end{bmatrix} = \begin{pmatrix} \phi_0 & \phi_1 & \cdots & \phi_{N-1} \end{pmatrix} \tag{4.18}$$

$$\Lambda = \begin{bmatrix} \lambda_0 & 0 & 0 & 0 & 0 \\ 0 & \lambda_1 & 0 & 0 & 0 \\ 0 & 0 & \cdot & 0 & 0 \\ 0 & 0 & 0 & \cdot & 0 \\ 0 & 0 & 0 & 0 & \lambda_{N-1} \end{bmatrix} \tag{4.19}$$

$$g \cdot g^T \cdot \phi_i \cdot \lambda_i \cdot \phi_i, \quad 0 \leq i \leq N-1, \quad \lambda_0 \geq \lambda_1 \geq \cdots \geq \lambda_{N-1} \tag{4.20}$$

となる。

KL 変換では，平均 2 乗誤差評価をするため，これ以降では信号から平均値を差し引いたものを用いる。入力信号 g に対し，KL 変換行列は Φ であり，変換後の信号を f とするとき

$$f = \Phi \cdot g \tag{4.21}$$

となる。変換後のデータ N 個の成分からなる f から m 個 ($m<N$) を取り出して，残りを捨てるゾーナルサンプリングを行うときの平均 2 乗誤差について調べる。残りの $N-m$ 個の定数要素を b_k とすると，式 (4.22) のような f' となる。このとき，f と f' との**平均 2 乗誤差**（mean squared error：**mse**）は式 (4.23) で示される。以下，文献 64) の手法を紹介する。

$$f' = \begin{bmatrix} f_0 \\ f_1 \\ \vdots \\ f_m \\ b_{m+1} \\ b_{m+2} \\ \vdots \\ b_{N-1} \end{bmatrix} \tag{4.22}$$

$$\mathrm{mse}(f-f') = \frac{1}{M} \frac{1}{N} \sum_{i=0}^{M-1} \sum_{j=0}^{N-1} (f_j^i - f_j'^i)^2 = \frac{1}{M} \frac{1}{N} \sum_{i=0}^{M-1} \sum_{j=m+1}^{N-1} (f_j^i - f_j'^i)^2$$
$$= \frac{1}{M} \frac{1}{N} \sum_{i=0}^{M-1} \sum_{j=m+1}^{N-1} (f_j^i - b_j)^2 \tag{4.23}$$

この mse を最小化する b_k を求めるため，b_k で偏微分して 0 とおくと

$$\frac{\partial_{\mathrm{mse}}}{\partial b_k} = \frac{1}{M}\frac{1}{N}\sum_{i=0}^{M-1}\left(-2f_k^i + 2b_k\right) = 0 \tag{4.24}$$

となり,これより

$$\widehat{b}_k = \frac{1}{M}\frac{1}{N}\sum_{i=0}^{M-1} f_k^i = \frac{1}{M}\frac{1}{N}\sum_{i=0}^{M-1} \Phi\, g^i(k) \tag{4.25}$$

となる。式 (4.24) を式 (4.25) に代入すると,式 (4.26) のようになる。

$$\begin{aligned}
\mathrm{mse}(f-f') &= \frac{1}{M}\frac{1}{N}\sum_{i=0}^{M-1}\sum_{j=m+1}^{N-1}\left(f_j^i - \widehat{b}_j\right)^2 = \frac{1}{M}\frac{1}{N}\sum_{i=0}^{M-1}\sum_{j=m+1}^{N-1}\left\{\Phi g^i(j) - \widehat{b}_j\right\}^2 \\
&= \frac{1}{M}\frac{1}{N}\sum_{i=0}^{M-1}\sum_{j=m+1}^{N-1}\Phi^T\left\{g^i(j) - \frac{1}{M}\frac{1}{N}\sum_{i=0}^{M-1}g_j^i(k)\right\} \\
&\quad \times \left\{g^i(j) - \frac{1}{M}\frac{1}{N}\sum_{i=0}^{M-1}g_j^i(k)\right\}^T \Phi \\
&= \frac{1}{M}\frac{1}{N}\sum_{i=0}^{M-1}\sum_{j=m+1}^{N-1}\Phi^T\left\{g^i(j) - 0\right\}\left\{(g^i(j) - 0)\right\}^T \Phi \\
&= \frac{1}{M}\frac{1}{N}\sum_{i=0}^{M-1}\sum_{j=m+1}^{N-1}\Phi^T g^i(j)\, g^i(j)^T \Phi = \frac{1}{M}\frac{1}{N}\sum_{i=0}^{M-1}\sum_{j=m+1}^{N-1}\lambda_j(i) \\
&= \frac{1}{N}\sum_{j=m+1}^{N-1}\lambda_j \tag{4.26}
\end{aligned}$$

4.2.9 レート歪み理論

歪みのない符号化(可逆符号化)では,情報源のエントロピーに対応した bit 数で符号化をすることが可能である。歪みのある符号化(非可逆符号化)では,歪み量を規定したとき,その歪み量に対応する符号化を考えるのが,**レート歪み (R/D) 理論**である。**レート歪み関数** (rate/distortion) とは,歪み量を与えたとき,その歪み以下となる最小の bit 数を与えるものである。レート歪み関数は,d, p を通信路,P_d を歪み d 以下の通信路,$I(p)$ を情報源と符号化結果の相互情報量としたときの最小値として式 (4.27) で定義される[46], [47]。

$$R(d) = \min_{p \subset P_d}\{I(p)\} \tag{4.27}$$

式 (4.27) はレートを $R(d)$ (以上) にとれば,歪みを d (以下) にすることができることを示すものである。信号を正規分布と仮定すれば,相互情報量 $I(p)$ が計算可能になる。また,情報源が少数の種類のアルファベットなどの場合も,式 (4.26) の相互情報量は計算可能となるが,一般の画像・音声情報などの場合は複雑化し,計算が難しく,多数の実績値などから,近似値を推定していく手法が使用されている。

4.2.10 JPEG 方式

JPEG 符号化方式は，自然画像に対する非可逆を主とする圧縮方式である[48]。図 4.19 に JPEG 符号化方式を示す。画像は，図 4.20 のように通常 RGB から**輝度成分** Y と**色成分** C_b,

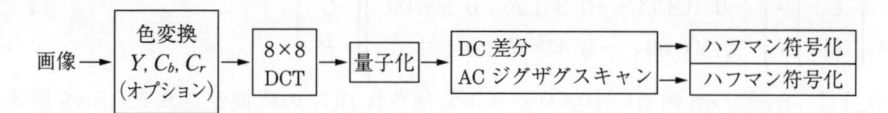

画像 → 色変換 Y, C_b, C_r（オプション）→ 8×8 DCT → 量子化 → DC 差分 / AC ジグザグスキャン → ハフマン符号化 / ハフマン符号化

図 4.19 JPEG 符号化方式（ISO/IEC 10918:1993//Digital Compression and Coding of Continuous-tone Still Images）

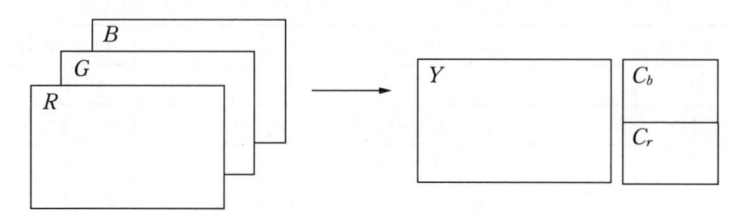

図 4.20 色変換と 4:1 サブサンプルの例

コラム

LSI 進歩と画像処理

符号化方式は 1960 年代よりディジタル処理が進展し，ディジタルメモリ容量の拡大とコンピュータの処理速度の進展に対応して，アルゴリズム開発も進歩してきた。図 4.21 は DRAM メモリ容量の進展図であるが，いわゆるムーアの法則と呼ばれる「3 年で 4 倍」の規則的な進展が達成されている。メモリや CPU の性能向上に対応して，実用可能なレベルが向上するため，画像処理アルゴリズムも高度化している。

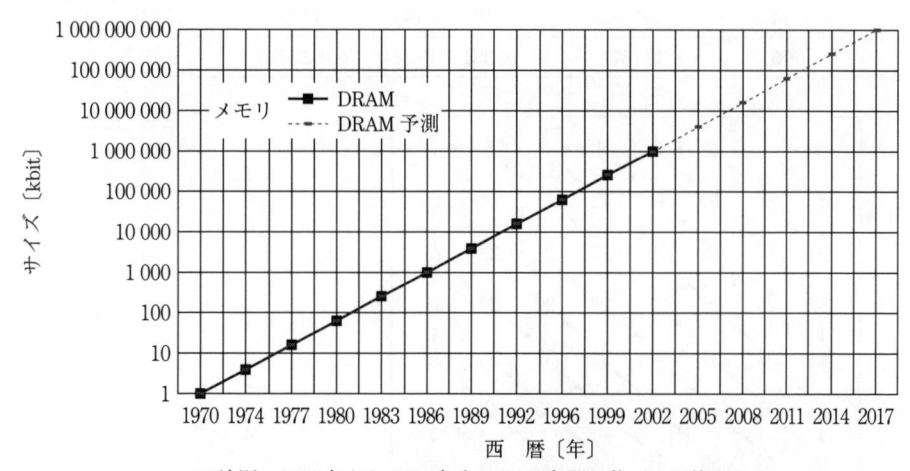

ムーアの法則：1970 年から 2000 年までの 30 年間で約 100 万倍になる。

図 4.21 半導体メモリ（DRAM）のサイズの向上（ムーアの法則）

4. 画像の情報処理

C_r へ変換され，色成分の C_b, C_r はサブサンプルされる。Y と色成分 C_b, C_r への変換は，式 (4.28) で表される。

$$\begin{bmatrix} Y \\ C_b \\ C_r \end{bmatrix} = \begin{bmatrix} 0.29900 & 0.58700 & 0.11400 \\ -0.16874 & -0.33126 & 0.50000 \\ 0.50000 & -0.41869 & 0.08131 \end{bmatrix} \begin{bmatrix} R \\ G \\ B \end{bmatrix} \quad (4.28)$$

各成分は，8画素×8画素の小ブロックに分割され DCT の変換がされる。8×8画素の小ブロックごとに DCT され，DC 成分（0 の位置）は左隣のブロックの DC 成分と差分を取っ

表 4.11 DC 係数符号化のための DC 差分のグループと付加 bit 数

グループ	DC 差分	付加 bit 数
0	0	0
1	−1, 1	1
2	−3, −2, 2, 3	2
3	−7, −6, −5, −4, 4, 5, 6, 7,	3
4	−15, −14, −13, ⋯, −8, 8, 9, ⋯, 15	4
5	−31, ⋯, −16, 16, ⋯, 31	5
6	−63, ⋯, −32, 32, ⋯, 63	6
7	−127, ⋯, −64, 64, ⋯, 127	7
8	−255, ⋯, −128, 128, ⋯, 255	8
9	−511, ⋯, −256, 256, ⋯, 511	9
10	−1 023, ⋯, −512, 512, ⋯, 1 023	10
11	−2 047, ⋯, −1 024, 1 024, ⋯, 2 047	11
12	−4 095, ⋯, −2 048, 2 048, ⋯, 4 095	12
13	−8 191, ⋯, −4 096, 4 096, ⋯, 8 191	13
14	−16 383, ⋯, −8 192, 8 192, ⋯, 16 383	14
15	−32 767, ⋯, −16 384, 16 384, ⋯, 32 767	15

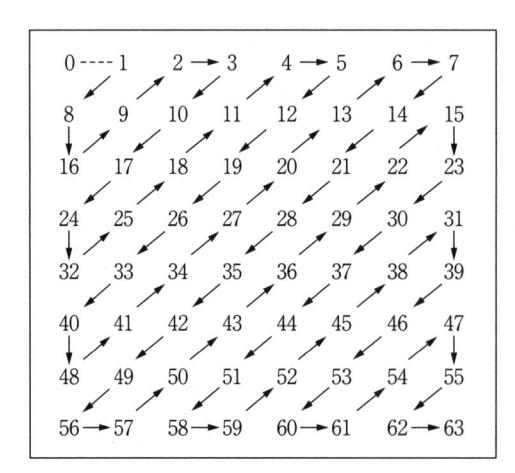

図 4.22 DCT 変換後のジグザグスキャン順序

て符号化する可逆な DPCM 符号化がなされる。**表 4.11** に DC 係数符号化のための DC 差分のグループと付加 bit 数を示す。符号化は，グループごとに固定の長さで，グループを示す符号化と，それと同じ長さのグループ内の DC 差分値を示す付加ビットにより構成される。第 1 成分 (1) から最終成分 (63) までは AC 係数と呼ばれ，**図 4.22** に示すジグザグスキャン順に並べられ，値が 0 の成分は，その**継続長（ランレングス）**が求められる。ランレングスの長さとそのつぎの非ゼロ係数との組合せを一括した符号が決められていて，符号となる。ランレングスと係数値を合わせて処理するため，**2 次元 VLC**（variable length code）と呼ばれる。**表 4.12** に AC 係数符号化の構成を示す。

表 4.12 AC 係数符号化の構成

	0のランレングス	符号	ランの直後の非ゼロ係数（SSSS）		
			0	1, 2, …, 14	15
	1	0	EOB	終 了	なし
	2	1	なし	グループ番号/付加ビット（付加ビットの詳細は省略）	
	3	2			
	4	3			
	5	4			
	6	5			
	7	6			
RRRR	8	7			
	9	8			
	10	9			
	11	10			
	12	11			
	13	12			
	14	13			
	15	14			
	16	15	ZRL	ランレングス 0	

　AC 係数の符号化は，ゼロ係数のランレングスを 15 以下（RRRR＜16）とし，その後の非ゼロ係数はグループ分けし，グループ番号（0＜SSSS＜15）と付加 bit で表現する。また，ゼロ係数のランレングスが 15 を超える場合は，16 のゼロ係数のランレングスのみを表す符号 ZRL を RRRR＝15, SSSS＝0 として定義し，さらに長いランレングスには，必要回数繰り返して使用する。また，ブロック内の AC 係数が 0 で終了する場合は，**EOB**（end of block）**符号**を RRRR＝0, SSSS＝0 として使用する。ブロックの最後の AC 係数が 0 でないときは EOB 符号を付けない。

4.2.11 JPEG2000 方式[49]

JPEG2000 は，JPEG の改良の過程で開発された静止画像用符号化方式で，1 枚の画像を異なる画像サイズで符号化したものを階層的に符号化し，また部分的に復号できる特徴をもつ。通常の符号化を行った場合も，非可逆の場合は JPEG より優れた性能を示す。また，画像サイズや階調数なども拡張され柔軟性が向上している。また，同一の方式で，可逆方式としても動作可能である。

図 4.23 に JPEG2000 符号化の基本構成を示す。図 4.24 および図 4.25 に JPEG と JPEG2000 の性能比較を示す。同一の 1 画素当りの bit 数（bpp）で SN 比の比較を行うと，2〜4 dB 程度 JPEG2000 のほうが優れた値を示している。画像は，処理をブロック分割したタイルと呼ぶ任意の中間的サイズで行うために分割することができる。各画素値は正の整数であるので，中間値 2^{p-1} を引くというレベルシフトを行う。JPEG2000 では従来，JPEG のように 8×8 という小ブロックではなく，**タイル**のサイズの中ブロックに対して 2 次元**ウェーブレット変換**を行う。1 次元ウェーブレット変換は，下記のようにまず，ウェーブレット $\varphi(t)$ を拡大・縮小して $\varphi_{a,b}(t)$ をつくる。

1 次元ウェーブレット変換は

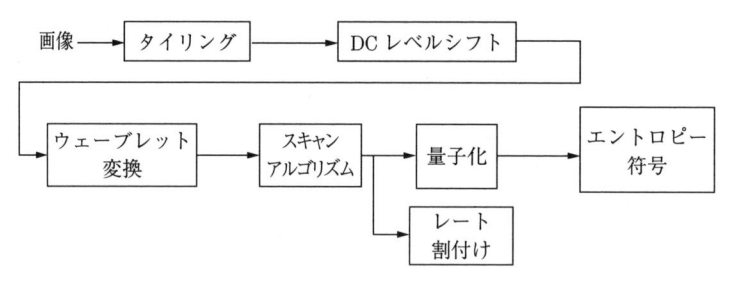

図 4.23 JPEG2000 符号化の基本構成

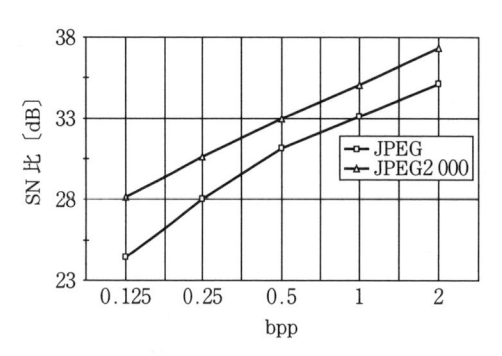

図 4.24 JPEG と JPEG2000 の性能比較（1）[50]

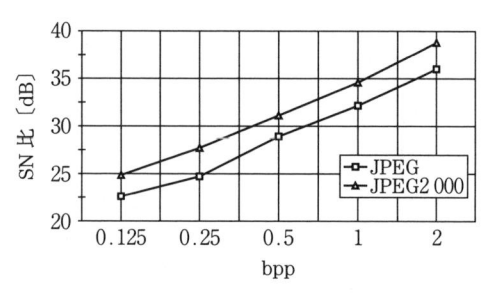

図 4.25 JPEG と JPEG2000 の性能比較（2）[51]

$$\varphi_{a,b}(t) = \frac{1}{\sqrt{a}} \varphi\left(\frac{t-b}{a}\right) \tag{4.29}$$

ここで，b はシフト，$a>0$ は拡大縮小のためのパラメータであり，スケールと呼ばれる。$1/\sqrt{a}$ は正規化のための係数である。この $\varphi_{a,b}(t)$ と信号 $f(t)$ との内積が，**ウェーブレット変換**（wavelet transform）である。

$$(W_\varphi f)(a, b) = \frac{1}{\sqrt{a}} \int_R f(t) \overline{\varphi}\left(\frac{t-b}{a}\right) dt \tag{4.30}$$

ただし，$\overline{\varphi}(\cdot)$ は $\varphi(\cdot)$ の共役複素数である。

つぎに，連続ウェーブレット変換は係数 a, b を，$a=2^j$, $b=k2^j$ と **2進分割**（binary partition）して，式 (4.30) のような $\psi_{j,k}$ として離散化さる。

$$\psi_{j,k}(t) = 2^{-j/2} \psi(2^{-j}t - k) \tag{4.31}$$

直交条件を満たすとき，信号 $f(t)$ は式 (4.32) のようにウェーブレットを基底とした級数に展開でき，その展開係数 $w_k^{(j)}$ は，正規直交であればフーリエ級数展開のように内積の形で与えられる。

$$f(t) = \sum_j \sum_k w_k^{(j)} \psi_{j,k}(t) \tag{4.32}$$

$$w_k^{(j)} = \int_{-\infty}^{+\infty} f(t) \overline{\psi_{j,k}(t)} \, dt = \langle f, \psi_{j,k} \rangle \tag{4.33}$$

j を有限個に制限した，フィルタバンクによる信号の分割表現と合成が行われている。**表 4.13** にドビッシー（Daubechies）の 9/7 タップフィルタの係数を示す。ウェーブレット変換は 9 タップや 7 タップのフィルタで計算する。1 回の演算で低周波と高周波に 2 分し，さらに各周波数分割領域を 2 分し，4 分割するというふうに細分化する。

図 4.26 にウェーブレット変換をサブバンドフィルタ分割で求めていくブロック図を示す。図 4.27 に 2 次元画像を水平，垂直方向にそれぞれウェーブレット領域に 2 分割することにより，4 分割された領域の配置例を示す。

表 4.13 ドビッシーの 9/7 タップフィルタの係数[51]

	分析フィルタの係数		合成フィルタの係数	
i	ローパスフィルタ $h_L(i)$	ハイパスフィルタ $h_H(i)$	ローパスフィルタ $g_L(i)$	ハイパスフィルタ $g_H(i)$
0	0.602 949 018 236 357 9	1.115 087 052 456 994	1.115 087 052 456 994	0.602 949 018 236 357 9
±1	0.266 864 118 442 872 3	−0.591 271 763 114 247 0	0.591 271 763 114 247 0	−0.266 864 118 442 872 3
±2	−0.078 223 266 528 987 85	−0.057 543 526 228 499 57	−0.057 543 526 228 499 57	−0.078 223 266 528 987 85
±3	−0.016 864 118 442 874 95	0.091 271 763 114 249 48	−0.091 271 763 114 249 48	0.016 864 118 442 874 95
±4	0.026 748 757 410 809 76			0.026 748 757 410 809 76

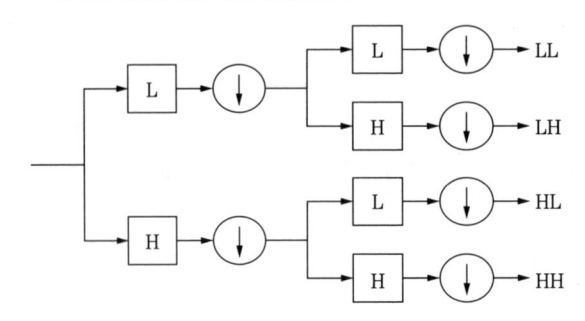

L：低域通過フィルタ，H：高域通過フィルタ，下向きの矢印はサブサンプルを示す。

図 4.26　サブバンドフィルタ

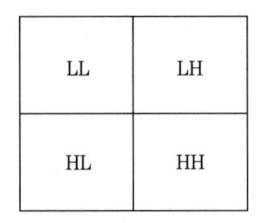

図 4.27　ウェーブレット領域分割

4.2.12　H.261 方式

〔1〕 **H.261 方式の概要**　H.261（エイチドットニイロクイチ）は映像の符号化方式の国際標準で，1990 年に **CCITT**（現在の ITU-T）によって勧告された[52]。狭帯域の ISDN である N-ISDN（Narrowband Integrated Services Digital Network）を介したテレビ会議・テレビ電話を主用途として開発されたもので，伝送速度は $p \times 64$ kbps （$p=1\sim30$）で表される 64 kbps〜1.92 Mbps を対象としている。この標準化では，実際の製品化に先行して，規格を先に決めて相互接続性を確保するという目的を実現しようとした。

符号化の対象とする画像フォーマットは，**CIF**（Common Intermediate Format）と呼ばれる共通中間フォーマット（352×288，最大 30 フレーム/s），または CIF の 1/4 のサイズの **QCIF**（quarter CIF）を用いている。映像信号の方式が空間解像度と時間解像度において NTSC と PAL/SECAM で大きく異なっているが，相互接続性を確保するため，それぞれの異なった方式の画像から空間解像度と時間解像度を折衷したフォーマットである CIF を定めた。輝度 Y と色差 C_b，C_r のサンプル位置を図 4.28 に示す。2 個の色差信号 C_b，C_r は輝度の 4 サンプルの中点にあると仮定している。符号化は 8×8 画素単位のブロックで処理され，図 4.29 のように，輝度信号が 4 ブロックと色差信号が 2 ブロックを合わせた 6 ブロッ

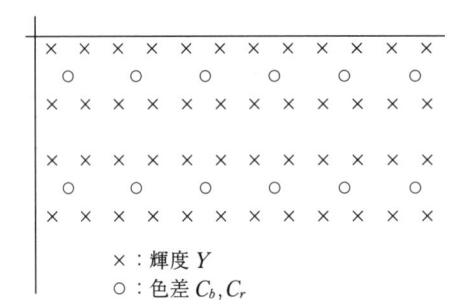

×：輝度 Y
○：色差 C_b, C_r

図 4.28　輝度 Y と色差 C_b，C_r のサンプル位置

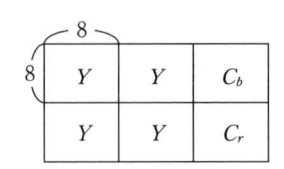

図 4.29　マクロブロック

クからなる**マクロブロック単位**で処理を行う。

　H.261 の符号化アルゴリズムのブロック構成を**図 4.30** に示す。入力の CIF 画像は 16×16 画素の輝度のブロックごとに動き補償予測し，**ループフィルタ**（1/4, 1/2, 1/4）を適用後，時間的（**inter** frame，インターフレーム）な差分がなされる。**動き補償予測**は水平，垂直の ±15 画素の範囲に平行移動して候補を探す。差分データは符号化制御によりシーンチェンジのように差分が大きいと判定された場合，差分ではなく原信号（**intra** frame，イントラフレーム）を選択する。その後，8×8 画素単位で 2 次元離散コサイン変換（DCT）がなされ，1〜31 のステップサイズの量子化（Q）がなされる。量子化データは，**図 4.31** のようなジグザグスキャンの順番で 1 列に並べ，**可変長符号化**がなされる。このジグザグスキャンは図 4.22 と同じ処理である。マクロブロックデータは**図 4.32** のように 33 個集まり，**グループオブブロック**（group of block：**GOB**）となる。GOB は**図 4.33** に示すように 12 個または 3 個集まり，1 フレームとなる。CIF と QCIF は画面サイズで，H.261 の場合はこの

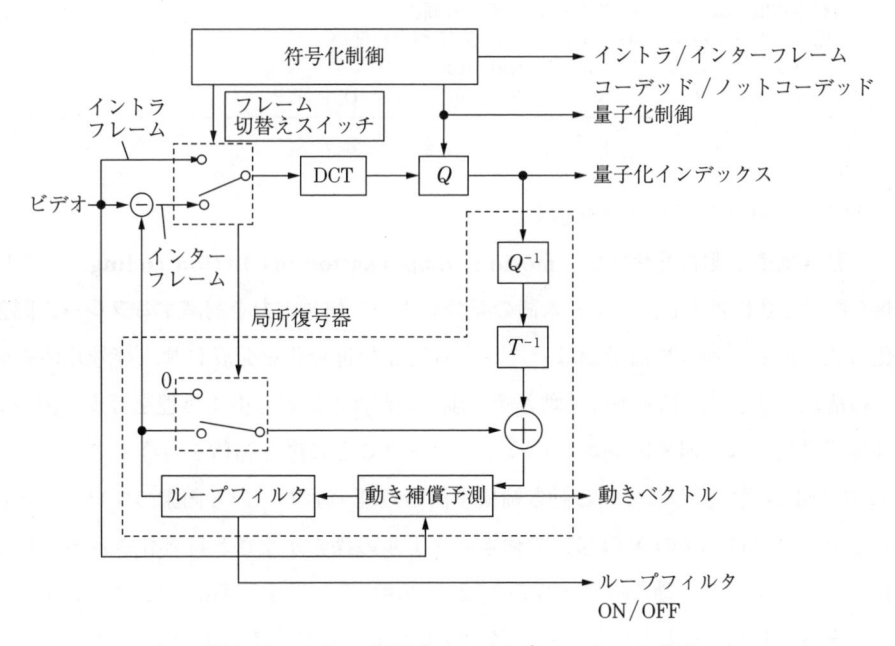

図 4.30　H.261 の符号化アルゴリズムのブロック構成

1	2	6	7	15	16	28	29
3	5	8	14	17	27	30	43
4	9	13	18	26	31	42	44
10	12	19	25	32	41	45	54
11	20	24	33	40	46	53	55
21	23	34	39	47	52	56	61
22	35	38	48	51	57	60	62
36	37	49	50	58	59	63	64

図 4.31　8×8 ブロックのジグザグスキャン

マクロブロック構造		
1GOB	2	
3	4	
5	6	
7	8	
9	10	
11	12	

(a) CIFの場合

1GOB
2
3

(b) QCIFの場合

マクロブロック

1	2	3	4	5	6	7	8	9	10	11
12	13	14	15	16	17	18	19	20	21	22
23	24	25	26	27	28	29	30	31	32	33

図 4.32 33個のマクロブロックからなる GOB の構造

図 4.33 GOB とフレーム構造

表 4.14 H.261 の符号化仕様

項　目	仕　様
画像フォーマット	CIF (352×288×29.97) または QCIF (176×144×29.97)
符号化ビットレート	$p×64$ kbps $(p=1,\cdots,30)$
輝度色差形式	輝度 Y に対し，色差 C_b, C_r はおのおの 1/4 サブサンプル
ピクチャタイプ	イントラフレームとインターフレーム
フレーム構成	フレーム（プログレッシブ）
動き補償予測	フレーム，16×16 画素
動きベクトル範囲	$-15, \cdots, +15$ (1画素精度)
バッファサイズ	$4R_{max}/29.97$ bit 以下
ループフィルタ	マクロブロック単位で ON/OFF 可能

2種しかない。

表 4.14 に H.261 の符号化仕様を示す。

〔2〕 動き補償予測符号化方式（motion compensation prediction coding） DPCM 符号化を画面全体に拡大し，フレーム間の差分を求め，信号電力を削減する**フレーム間差分符号化**方式がある。動き補償予測は，フレーム間差分符号化を発展させ，符号化済みのフレームの情報を動きに応じて平行移動させ，現在の画面から差し引く処理を行う。国際標準の動画像符号化では，16×16 画素という小ブロックごとに動き補償を行うものが多い。**図 4.34** に H.261 方式で行われている動き補償予測の処理を示す。8×8 画素のブロック4個をまとめたマクロブロックの Y の部分で動きベクトルの探索がなされ符号化される。色差信号の動きベクトルは Y の動きベクトルの 1/2 を使用する。探索範囲は，H.261 では ±15 画素までである。時刻 t の入力フレームの各マクロブロックに対し，時刻 $t-1$ の符号化済みのフレームが使用されるが，これは入力した原画像ではなく，いったん過去に符号化されて，復号されたフレームである。この復号フレームを生成する部分は送信側にあり，**局所復号器**（local decoder）と呼ばれる。水平と垂直の移動により，入力画像との差分の誤差の評価関数値が最小になる**動きベクトル**が求められる。符号化器の探索手法は任意で，全部の動きベクトルを探索する全探索のほかに，階層的に行う木探索などがある。誤差評価には差分の2乗和〔式 (4.34)〕，絶対値の総和〔式 (4.35)〕などが用いられているが，実際の符号化では量子化などの非線形処理が介在するので，符号量最小となる最適な予測用ブロックをこ

4.2 画像の圧縮方式　　113

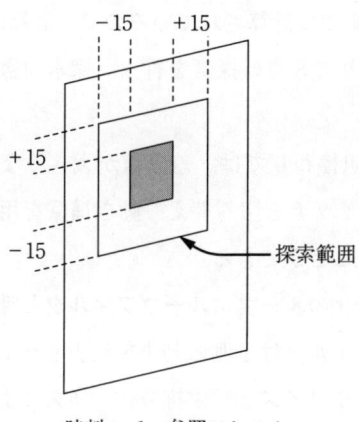

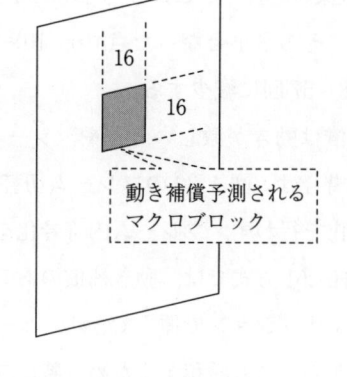

時刻 $t-1$，参照フレーム　　　　時刻 t，現在フレーム

（a）復号フレーム　　　　　　　（b）入力フレーム

図 4.34　H.261 方式で行われている動き補償予測の処理（Y 信号）

れらの式から抽出することはできない．

$$\underset{p,q \in SA}{\text{MIN}} (\text{SSD}) = \underset{p,q \in SA}{\text{MIN}} \left(\sum_{i=1}^{16} \sum_{j=1}^{16} |\text{Gm}(i, j) - \text{Dm}(i+p, j+q)|^2 \right) \tag{4.34}$$

$$\underset{p,q \in SA}{\text{MIN}} (\text{SAD}) = \underset{p,q \in SA}{\text{MIN}} \left(\sum_{i=1}^{16} \sum_{j=1}^{16} |\text{Gm}(i, j) - \text{Dm}(i+p, j+q)| \right) \tag{4.35}$$

ただし，Gm は現在フレームのマクロブロック，Dm は復号された参照フレームのマクロブロック，SA は探索範囲で，Gm を基準に ±15 画素間での範囲を動く（SAD：sum of absolute difference，SSD：sum of squared difference，SA：search area）．

探索範囲の 31×31 = 961 点をすべて探索する全探索という方式があるが，それに対し，**図 4.35** のような階層的な探索を行うと演算量を削減できる．図 4.35 では 3 段階の**木探索**を行っている．はじめに 25 点の粗い探索を行い，つぎにその最小となった点（8，8）の周り

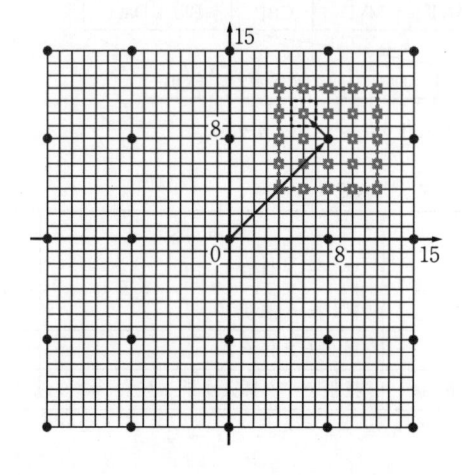

図 4.35　動きベクトルの木探索の順序（25-24-8）

で25点の探索を行う。このうち中心の1点はすでに計算されているので，計算は24回でよい。さらにその最小となった点（6, 10）の周りで8点の探索を行う。探索回数は，合計で25＋24＋8＝57回に減少する。

動き補償は動きが激しいときや，シーンの切替わりでは，差分値が大きくなることがある。その場合は，図4.30のフレーム切替えスイッチを切り替え，動き補償を用いたフレーム間符号化を行わず，フレーム内符号化を行うことができる。

また，H.261方式では，動き補償のある符号化のループに**ループフィルタ**と呼ぶ低域通過フィルタをオプションで挿入できる。ループフィルタは予測の効果を減少させるが，また動き補償予測のミスも緩和するため，特に**ブロックノイズ**と呼ぶ符号化ノイズによる特異な予測結果の発生を抑圧できる場合がある。フィルタの係数は，水平，垂直それぞれ（1/4, 1/2, 1/4）である。

〔3〕 **DCT演算**　　動き補償予測処理後の差分残差は**DCT**され，量子化される。DCTは演算式と精度が規定されているが，演算回路方式は規定されていない。そのため，演算回路により，演算結果が微小の差異をもつことがある。これがいわゆる送信機と受信機との**IDCTミスマッチ**であり，この誤差が累積して大きい誤差になるのを防止するため，各マクロブロックごとに，時間方向に対して132回に1回以上**イントラモード**で符号化をすることになっている。これを強制リフレッシュという。

〔4〕 **符号化シンタックス**　　符号化データは，**図4.36**のような符号化データシンタックスに従って並べられ，送出される。**表4.15**にシンタックス記号の内容を示してある。

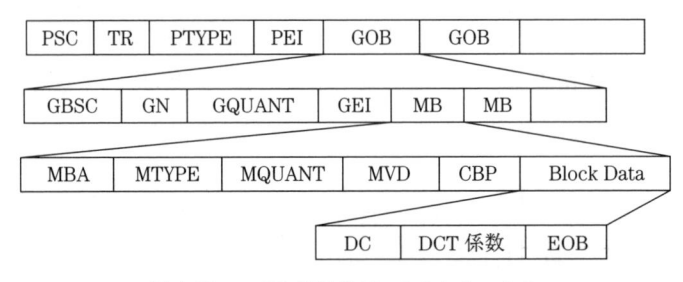

図4.36　H.261符号化データシンタックス

表4.15　シンタックス記号の内容

記号（略語）	記号（欧文）	意　　味	bit
PSC	picture start code	フレーム開始	20
TR	temporal reference	フレーム番号	5
PTYPE	picture type	ピクチャタイプ	6
PEI, GEI	picture extended info	拡張データ挿入フラグ	1

表 4.15 （つづき）

GOB	group of block	マクロブロック 33 個のグループ	
GBSC	GOB start code	GOB 開始符号	16
GN	group number	GOB 番号	4
GQUANT, MQUANT	group/MB quantization	量子化特性	5
MB	macro block	マクロブロック	
MBA	macro block address	マクロブロックアドレス	1〜11
MTYPE	MB type	マクロブロックタイプ	1〜10
MVD	motion vector difference	動きベクトル差分データ	2〜22
CBP	coded block pattern	符号化ブロックのパターン	3〜9
Block Data	block data	DCT ブロックデータ	
DC	direct current	DC 値	8
DCT	discrete cosine transform	DCT 符号化データ	2〜20
EOB	end of block	DCT ブロック符号化終了	2

4.2.13 MPEG 方式

MPEG（Moving Picture Experts Group）は，**ISO/IEC** JTC1/SC29/WG11 の通称であり，ディジタルオーディオビジュアル符号化の国際規格でもある。1988 年に ISO と CCITT 共同作業として設立され，MPEG-1，MPEG-2，MPEG-4 などの国際規格がある。**MPEG-1**（ISO/IEC 11172）は，CD-ROM，DAT，ハードディスクなどに動画像と音声を圧縮して蓄積することを主目的として制定された。H.261 の符号化方式を踏襲しているが，H.261 が通信というリアルタイム性を必要としていたのに対し，蓄積系の応用では非リアルタイムであるため，時間方向の処理を長期化し，遅延を増加させ，効率の向上を図ることができる。表 4.16 に MPEG-1 の符号化仕様を示す。

双方向性予測を行う **B ピクチャ**（bi-directional prediction frame）の処理は時間方向に 3

表 4.16 MPEG-1 の符号化仕様

項　　目	仕　　様
画像フォーマット	SIF（360×240×30 または 360×576×25）以下，その他 SIF：source input format
符号化ビットレート	1 856 000 bps 以下
輝度色差形式	4:2:0
ピクチャタイプ	I, B, P ピクチャ
フレーム構成	フレーム（プログレッシブ）
動き補償予測	フレーム 16×16（I, P ピクチャのみ）
動きベクトル範囲	−64〜+63.5（0.5 画素精度）（f_code は 4 以下）
バッファサイズ	327 680 bit 以下
互　換　性	H.261 と互換性なし

フレーム以上の長期にわたり，効率的なモードとして追加された。また従来のフレーム内符号化を行う **I ピクチャ**（intra frame），動き補償予測符号化フレームを行う **P ピクチャ**（prediction frame）がある。このほかに，入力画像サイズが最大 768×576 以下で自由に決められること，動き補償予測の画素精度が 1/2 画素まで可能で，左右 2 画素の間なら 2 画素値の丸め付き平均，上下左右 4 画素間なら 4 画素値の丸め付き平均を使用する。探索範囲は $-1\,024 \sim 1\,023$（1 画素単位），$-512 \sim 511$（半画素単位）である。CD-ROM を想定し，最大 1.856 Mbps までの転送ビットレートに制約されている。

〔1〕 **MPEG-2 方式** [43]　　**MPEG-2**（ISO/IEC 13818）は，放送・通信・蓄積の各分野のアプリケーションに汎用的に用いることを主たる目標として制定された。従来のプログレッシブ画像のみの対応から，テレビ方式のインターレース画像にも対応したり，階層符号化を実現するスケーラブルのプロファイルが加わった。汎用的に幅広い応用に対応するため，11 種の符号化モードがあり，**プロファイル**と**レベル**という 2 次元構造（**表 4.17**）に分類されている。表中のメインプロファイル，メインレベル（MP@ML）の符号化仕様を**表 4.18** に示す。**図 4.37** に 4:2:0 画像色信号フォーマットを示す。4:2:0 とは輝度信号 4 個に対し，色差 Cb が 2 個，Cr が 0 個と色差 Cb が 0 個，Cr が 2 個を繰り返されることをいう。

MPEG-1 から始まり MPEG-2 でも使用されている I，B，P ピクチャの時間的構成を**図 4.38** に示す。I ピクチャと P ピクチャの間に B ピクチャがあるが，$M=3$ で間に B ピクチャが 2 枚ある場合について示してある。I ピクチャとはフレーム内符号化のことで，ほかのフレームを参照せず，独立した静止画として符号化される。P ピクチャは順方向の予測符号化

表 4.17　MPEG-2 のプロファイルとレベル分類

レベル＼プロファイル	Simple 4:2:0	Main 4:2:0	SNR Scalable 4:2:0	Spatial Scalable 4:2:0	High 4:2:0 4:2:2
High 1 920×1 080×30 1 920×1 152×25	−	MP@HL	−	−	MP@HL
High-1 440 1 440×1 080×30 1 440×1 152×25	−	MP@H1440	−	SSP@H1440	HP@H1440
Main 720×480×29.97 720×576×25 （CCIR601）	SP@ML	MP@ML	SNP@ML	−	HP@ML
Low 352×288×29.97 （CIF）	−	MP@LL	SNP@LL	−	−

表4.18 メインプロファイル，メインレベル（MP@ML）の符号化仕様

項　目	仕　様
画像フォーマット	CCIR601 サイズ（720×480×29.97 または 720×576×25）以下
符号化ビットレート	15 Mbps 以下
輝度色差形式	4：2：0
ピクチャタイプ	I, B, P ピクチャ
フレーム構成	フレーム（プログレッシブ）またはフィールド（インターレース）
動き補償予測	フレーム 16×16／フィールド 16×8 Dual Prime 予測（I, P ピクチャのみ） フィールド 16×16／フィールド 16×8 Dual Prime 予測（I, P ピクチャのみ）
動きベクトル範囲	−127.5～+128.0（0.5 画素精度）
バッファサイズ	1 835 008 bit 以下
互　換　性	MPEG-1 前方互換（MPEG-2 復号器は MPEG-1 符号化データを復号可能）
イントラ DC 係数予測	10 bit 以下
イントラ VLC	MPEG-1 または MPEG-2 新テーブル
DCT 係数スキャン	MPEG-1 または MPEG-2 新スキャン

図4.37　4：2：0 画像色信号フォーマット

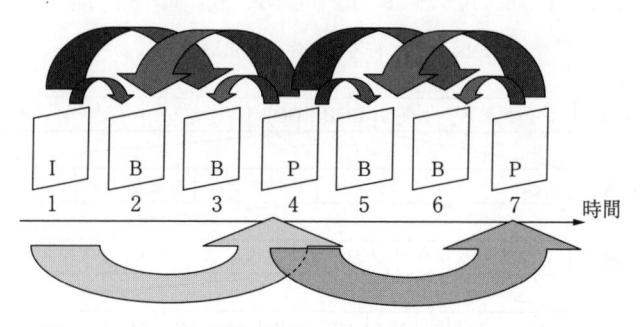

図4.38　I, B, P 構造（B ピクチャが 2 枚ある $M=3$ の場合）

を行うフレームで，4 番目の P ピクチャは 1 番目の I ピクチャの復号画像をもとに動き補償予測がなされる。7 番目の P ピクチャは 4 番目の P ピクチャの復号画像をもとに動き補償予測がなされる。B ピクチャは双方向予測を行うフレームで，時間的に過去と未来の 2 方向か

らの予測を行う。2番目のBピクチャは1番目のIピクチャと4番目のPピクチャとの復号画像から予測を行うことができる。実際は，1番目のIピクチャによる前方予測か4番目のPピクチャによる後方予測か両方の平均をとる双方向予測かのどれか一つを選択する。双方向予測をする場合は，Pピクチャの予測は離れたフレームからの予測を行うので，直前のフレームを用いる場合より少し予測効率は低下するが，Bピクチャの予測効率が高いので，全体としてIBP方式はIP方式より効率が高くなる。

MはIピクチャとPピクチャの間隔であり，$M=2$はIBPBPB…となり，$M=1$はIPPPP…となる。

MPEGではI，B，Pピクチャが混在し，符号化データ系列から特定の画像を抽出しにくい。画像のランダムアクセス性を確保するため，画像を一定の枚数のグループにして扱う。この単位が**GOP**（group of picture）である。図4.39にGOPの構成で15（$N=15$），$M=3$の例を示す。

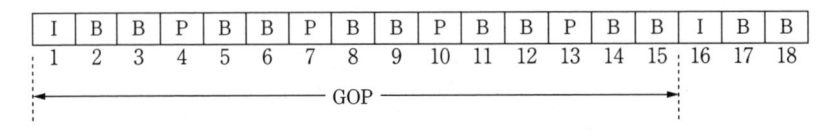

I	B	B	P	B	B	P	B	B	P	B	B	P	B	B	I	B	B
1	2	3	4	5	6	7	8	9	10	11	12	13	14	15	16	17	18

図4.39 GOPの構成15（$N=15$），$M=3$

符号化は1枚目のIピクチャから始まり，つぎは，4枚目のPピクチャの符号化を行い，そのつぎに2,3枚目のBピクチャが続く。この順に並べた例を図4.40に示す。これが符号化されたビットストリームの送出順序になる。2個目のGOPからは，16枚目のIピクチャがが先行して符号化され，B14，B15が終了後，P19の符号化へ移る。受信側では，この順

I_1 P_4 B_2 B_3 P_7 B_5 B_6 P_{10} B_8 B_9 P_{13} B_{11} B_{12} I_{16} B_{14} B_{15} P_{19} B_{17} B_{18}

図4.40 符号化順序（送出順序）

シーケンス層	シーケンスヘッダ	GOP	GOP	・・・	シーケンスエンド

GOP層	GOPヘッダ	Iピクチャ	Pピクチャ	Bピクチャ	・・・

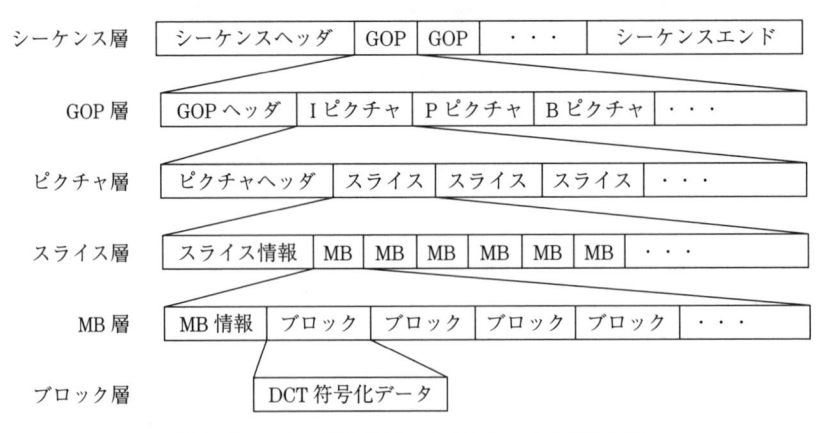

ピクチャ層	ピクチャヘッダ	スライス	スライス	スライス	・・・

スライス層	スライス情報	MB	MB	MB	MB	MB	・・・

MB層	MB情報	ブロック	ブロック	ブロック	ブロック	・・・

ブロック層		DCT符号化データ	

図4.41 MPEG符号化ビットストリームの階層構造

序で復号された後，はじめの順序（表示順）に並べ替えが行われ，表示される。

MPEG符号化ビットストリームは図 4.41 のような階層構造になっている。

ノンインターレースのフレーム画像が対象であったH.261, MPEG-1 に対して，MPEG-2 ではインターレース画像も効率よく符号化することに主眼がおかれている。

また，画像品質の高いHDTVフォーマットにおいては，転送レートを 15〜25 Mbps 程度に設定して符号化を行っている。さらに，さまざまな画像フォーマットへの対応やトリックモードの積極的なサポート，エラー耐性の強化なども実現されている。

〔2〕 **トランスポートストリーム** MPEG-2 の符号化データは，図 4.41 のようなビットストリームの階層構造で出力される。ビデオ，オーディオ合わせたビットストリームを**エレメンタリストリーム**（elementary stream：**ES**）と呼ぶ。伝送路を介して送信する場合，この生のビットストリームを分割しパケット化することが多い。タイムスタンプをヘッダとして挿入したパケットを **PES**（packetized elementary stream）と呼ぶ。さらにプログラムID（PID）や基準のクロックなど多数の情報が付加され伝送路用のパケット**トランスポートストリーム**（transport stream：**TS**）となる。TS のパケットサイズは 188 byte である。ディジタル放送や DVD 記録においては TS が使用されている。トランスポートストリームの構成を図 4.42 に示す。

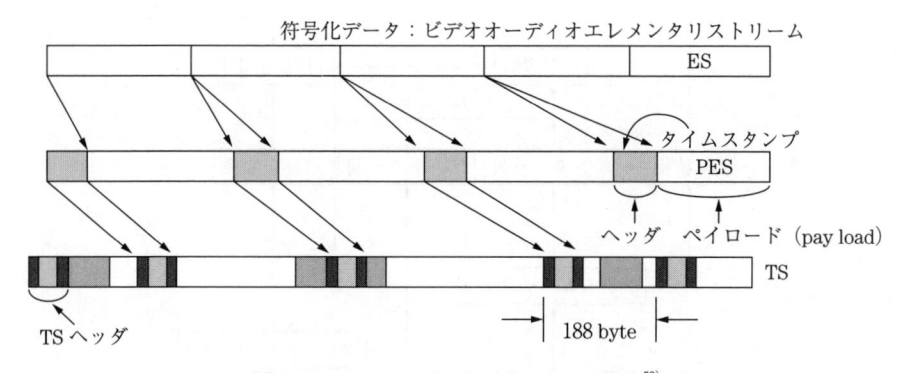

図 4.42 トランスポートストリームの構成[53]

〔3〕 **標準化動向** MPEG-4（ISO/IEC 14496）は，MPEG-2 に続く次世代オーディオビジュアル符号化規格である。当初，超低ビットレートのモーバイル用符号化としてスタートしたが，最終的には，インターネットやモーバイルを介した AV 通信，遠隔監視，AV データベース検索，放送さらには，ビデオゲームなどへの応用が考えられ，5 kbps〜4 Mbps の幅広いビットレートが適用領域とされている。MPEG-4 の目的は，① AV オブジェクト単位のアクセスとインタラクティビティ，およびスケーラビリティの実現，② 圧縮性能の向上，③ 誤り耐性および回復力の強化，④ CG と自然画像の統合記述環境の実現があげられる。

MPEG-7 は MPEG-4 に続く標準化で，マルチメディアの検索を可能とするメタデータの表記方法を規程するもので，XML を用いた枠組みの仕様が決められている。

4.2.14　H.264方式（MPEG-4 Part10 AVC）

MPEG-4 ビデオ符号化は，1998年勧告された ISO/IEC 14496-2 であり，符号化方式の構成は MPEG-2 と類似している。低ビットレートでの伝送も考慮し，また画像中の顔などのオブジェクト単位で異なる符号化を可能とし，1枚の画像を背景と物体という2層に分解して扱うことができるようになっている。ここではこの MPEG-4 についての説明は省略する。

MPEG-4 Part10 は 2003 年に勧告された ISO/IEC 14496-10 という新方式で，並行して行われた ITU の **H.264** として称されることが多い。H.264 は MPEG-4 までの方式とは大幅に異なる方式で，また性能も大幅に向上している[54]。

〔1〕　**H.264方式（MPEG-4 Part10 AVC）の構成**　　図4.43 に H.264 方式のブロック構成を示す。

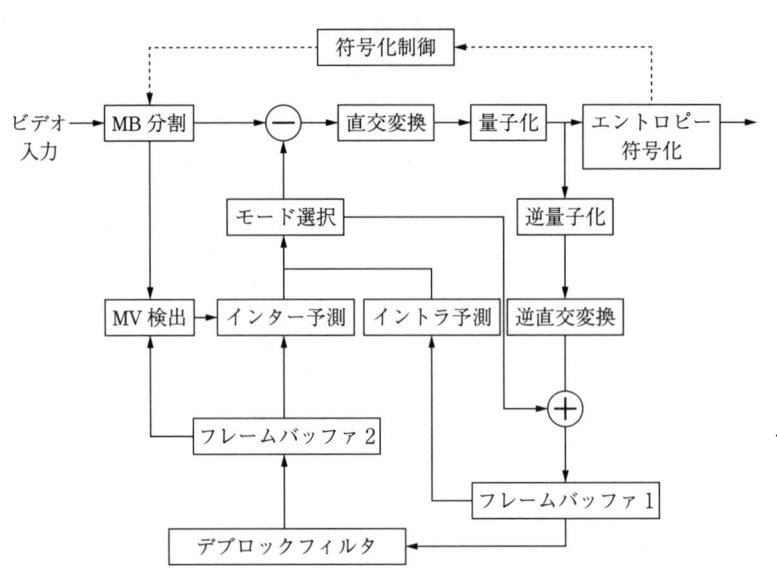

図4.43　H.264方式のブロック構成

H.264 方式の特徴として，フレーム内予測（イントラ予測）が増え，全画素について 4×4 ブロックで 9 種類，16×16 ブロックで 4 種類の予測モードが取り入れられた。フレーム間予測（インター予測）では，16×16 を 7 種類のモードで分割して行い，また，最大 5 フレームの範囲からの予測をすることが可能となった。画素精度は MPEG-4 Part2 と同じく 1/4 画素で予測値が計算される。直交変換は，従来の 8×8DCT から 4×4 整数直交変換後，DC 成分のみ集め，アダマール変換する方式になった。ブロックサイズを小さくして，ブロック

歪みを低下させ，また，実数的演算から完全な**整数演算**にすることで，異機種との回路の互換性を完全に保つことができるようになった。可変長符号化（エントロピー符号化）は**CAVLC（適応可変調符号化）**か**CABAC（算術符号化）**を使用することが可能となり，符号化効率が向上した。

〔2〕**イントラ予測（フレーム内予測）**　イントラ予測とは，同じフレーム内で符号化対象画素の値を，ほかの画素から生成した予測値で引き，小さな値に集中したその差分（予測誤差）を符号化対象とすることにより，データ量の削減を意図するものである。イントラ予測は，ある大きさのブロックごとに行われる。従来の MPEG-2 では DC 成分のみ，MPEG-4 では DC 成分と低域 AC 係数に対してはイントラ予測を行っていたが，H.264 では全画素イントラ予測も可能となる。

また，予測モード（予測値の生成の仕方や，その予測対象画素を決める方法）も大幅に増やされ，さらに，予測単位も 8×8 画素のブロックサイズだけでなく 16×16，4×4 画素ブロック単位での予測もできるようになり，面内予測効率は向上している。**図 4.44** に H.264 で採用されている予測モードを紹介する。矢印の出発点が参照画素，線上の画素が予測対象画素である。

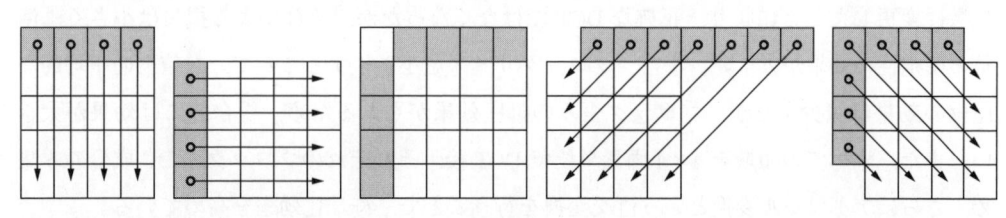

（a）Mode 0 Vertical　（b）Mode 1 Horizontal　（c）Mode 2 DC（平均値）　（d）Mode 3 Diag Down/Left　（e）Mode 4 Diag Down/Right

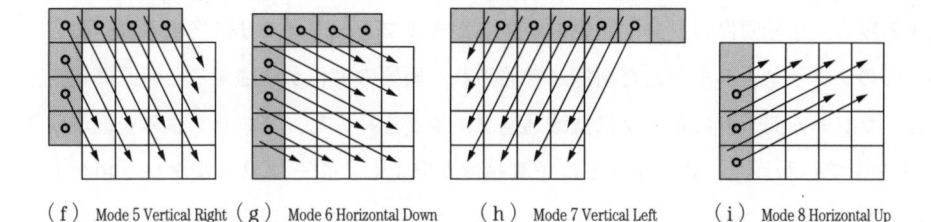

（f）Mode 5 Vertical Right　（g）Mode 6 Horizontal Down　（h）Mode 7 Vertical Left　（i）Mode 8 Horizontal Up

図 4.44　予測モードの種類（輝度信号 4×4 ブロック）　○ は参照画素

〔3〕**インター予測（フレーム間予測）**　インター予測は，**図 4.45** のような 7 種のブロックサイズが用意され，動き補償予測が行われる。

参照可能ピクチャは，従来は直前または直後の I，P ピクチャのみであったが，前後，最大 5 フレーム（全種類のピクチャ）より予測できる。また，ブロック単位で参照ピクチャの切替えも可能である。予測画素精度は従来，1/2 画素であったが，1/4 画素に，画素補間

122   4. 画像の情報処理

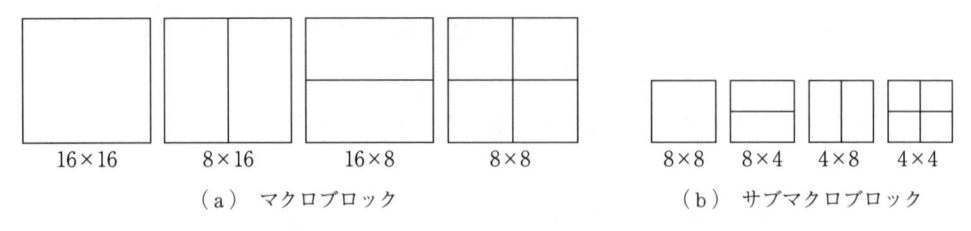

| 16×16 | 8×16 | 16×8 | 8×8 | | 8×8 | 8×4 | 4×8 | 4×4 |

（a） マクロブロック　　　　　　　　　　　（b） サブマクロブロック

図 4.45 動き予測単位（ブロックサイズ）

フィルタも従来の 2 タップから 6 タップに精密化した。また，従来 B ピクチャ予測（双方向予測：Bi-directional）では前後の 2 フレームの重み付け平均を 1/2 のみとしていたが，前後 5 枚のフレームから選んだ 2 枚のフレームに対し，1/2 以外の重み付け加算による双予測（Bi-predictive）が可能となった。これにより，フラッシュ撮影による激しい輝度変化やフェードイン，フェードアウトなどの編集処理を符号化することができるようになった。

〔4〕**直 交 変 換**　　従来の JPEG，MPEG-1，MPEG-2，MPEG-4 では，8×8 画素単位の直交変換（DCT）が使用されていたが，H.264 では 4×4 画素単位の直交変換を使用する。これにより計算量が削減できる。また，**整数精度 DCT** 係数に変更することで，送信側の変換と受信側の異なる機種の逆変換におけるミスマッチが発生しなくなる。特定の DCT 整数係数に変更したことにより，正確な DCT ではなくなったが，それによる損失は小さく，演算の確定性の効果が大きい。また，ブロックサイズを小さくすることで，数値上の平均的な圧縮の効果は減少するが，ブロック歪みの抑圧効果もあるため，総合的には効果が大きい。また，すべての領域を 4×4 画素単位で DCT 後，それぞれのブロックの DC 成分のみ集め，さらにアダマール変換という直交変換を行うことで，符号化効率を高めている。

〔5〕**ル ー プ フ ィ ル タ**　　従来の MPEG 系動画像符号化方式では，特に低ビットレートで符号化する場合，復号画像にブロック歪みが生じたままフレームメモリに格納され，動き補償の際，このブロック歪みを含んだ画像が参照され，画質の劣化が伝播するという問題点が存在する。フレーム間予測のループに低域通過フィルタを挿入し，ブロック歪みを低減することが H.261 で行われた。MPEG-2 では予測精度が向上し，ループフィルタは「ボケ」の原因となるため，使用されなかった。H.264 では，フレームメモリに復号画像を格納する前に，適応的にデブロッキングフィルタによってブロック歪みの除去を行うことで，画質の劣化が伝播するのを防いでいる。同一画面内であってもブロック歪みの生じやすい場所と生じにくい場所に対し適応的に行うことが可能で，一様な処理で，ブロック歪みの生じにくいところの解像度を損ねてしまうことを防止できる。

〔6〕**エ ン ト ロ ピ ー 符 号 化**　　H.264 は，シンタックス要素（DCT 係数や動きベクトルなど，シンタックスで伝送することが規定されている情報のこと）のエントロピー符号化方式として，単純な表による変換のほかに，高効率な符号化方式が用意されている。H.264 で

は，**指数ゴロム符号**，CAVLC（context-adaptive variable length coding，コンテキスト適応形可変長符号化方式），CABAC（context-adaptive binary arithmetic coding，コンテキスト適応形2値算術符号化方式）が用いられている。

4.3 テレビ放送

アナログテレビジョン放送（以下，テレビジョンはテレビと略記する）の概要は，すでに2.2節で述べた。テレビ放送は，ディジタル化が進みつつあり，日本では，2000年に**デジタル衛星放送**（**BSデジタル**）が開始され，2003年12月から地上波デジタル放送が開始された。現在，地上波アナログテレビ放送とデジタルテレビ放送が並列に実施されているが，2011年7月にアナログテレビ放送は停止されることになっている。2011年以降，日本国内では，VHF帯のアナログ放送はなくなり，すべてUHF帯のデジタル放送のみになる。

世界の**地上波デジタル放送**は，規格の差異はあるが，**表4.19**に示すように進んでいる。日本のデジタル放送のメリットは，**ゴースト障害**などの不安定な受信がなく，一定以上の高画質が得られる，ディジタル信号であるため，メタデータという付加情報を加えて利便性を向上できる，双方向サービスの可能性などがある。

図4.46に日本の地上波デジタル放送の信号形式を示す。信号は，UHF（13ch〜62ch）帯

表4.19 世界の地上波デジタル放送

国 名	英 国	米 国	スウェーデン	スペイン
開始年月	1998年9月	1998年11月	1999年4月	2000年5月
国 名	オーストラリア	シンガポール	フィンランド	韓 国
開始年月	2001年1月	2001年2月	2001年8月	2001年10月

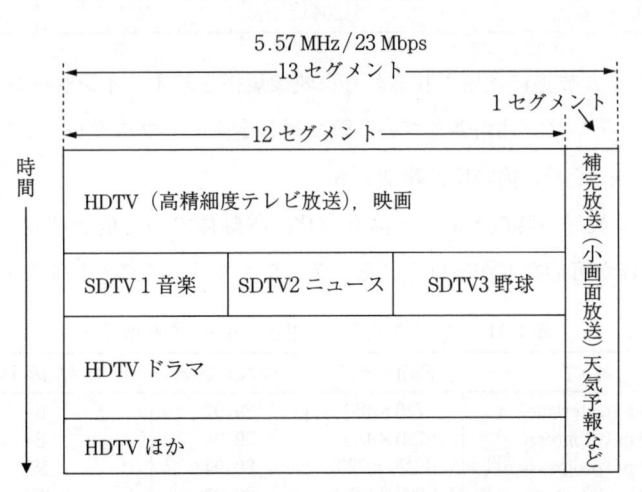

図4.46 日本の地上波デジタル放送の信号形式

の電波を使用し，**OFDM**（orthogonal frequency division multiplexing：**直交周波数分割多重**）と呼ぶ多数の搬送波に分割するマルチキャリア方式を採用している。OFDM 方式は，多数の搬送波に分割するため雑音に対する耐性が高く，また，信号パケット間に空白のガードインターバルを設けることができるため，ゴースト障害による遅延電波の干渉にも耐性が高いという特徴を有している。表 4.20 に OFDM のモードの仕様を示す。電波の帯域は UHF 帯で 1 チャネル当り 6 MHz であり，伝送ビットレートは，最大 23.3 Mbps になる。このうち映像のための有効帯域は 5.575 MHz で，映像情報の伝送は 13 個のセグメントに分割された小帯域を組み合わせて送信される。各セグメントは目的によって 64 QAM，16 QAM，QPSK，DQPSK の変調方式が使用され，階層的な伝送も可能である。13 セグメント中の 1 セグメントは部分受信と呼ぶ小画面の補完放送にあてられ，**HDTV**（high definition TV：**高精細テレビ**）放送や **SDTV**（standard definition TV：**標準サイズテレビ**）放送の縮小画像や天気予報などを送る。HDTV，SDTV では，補完放送と階層構造を形成し，残りの情報または，独立した単独放送を送る。補完放送では，携帯電話や自動車などの移動体での受信ができる。これはセグメント分割とノイズとゴーストに耐性のある OFDM 方式を採用しているためである。時間的には，3 個の SDTV を並列して放送する時間帯と，1 個の HDTV のみを放送する時間帯に分かれる。

表 4.20　OFDM モードの仕様

OFDM	モード 1	モード 2	モード 3
帯　　域〔MHz〕	5.575	5.573	5.572
搬送波間隔〔kHz〕	3.968	1.984	0.992
搬送波総数〔本〕	1 405	2 809	5 617
フレーム長〔ms〕 （ガードインターバル 1/4， 　1/8，1/16，1/32 含む）	64.26〜53.014 5	128.52〜106.029	257.04〜212.058
シンボル数/フレーム	204	204	204

表 4.21 にデジタル放送に使用されるおもな映像規格を示す。**インターレース**（interlace）は従来のアナログテレビで使用されている**飛び越し走査**で，**プログレッシブ**（progressive）は**順次走査**であり，その 2 倍の原情報量をもつ。

日本のデジタル放送の特徴として，高画質化，**移動体**での受信が可能，**メタデータ**の付加，**双方向の操作**が可能などがあげられる。ディジタル化したことにより，**サーバ形放送**な

表 4.21　デジタル放送に使用されるおもな映像規格

名　称	画面サイズ	コマ数〔Hz〕	伝送容量例〔Mbps〕
480 i　（interlace）	720×480	29.97	6
480 p　（progressive）	720×480	59.94	8
720 p　（progressive）	1 280×720	59.94	18
1 080 i　（interlace）	1 920×1 080	29.97	22

どの可能性が高まる一方，限定受信機能による有料配信やコピー保存に対する制限機能が追加された．コピー制御のために，録画機にはB-CAS（ビーキャス）カード必要となり，**コピー制御信号**をデジタルテレビ放送に挿入し，**表4.22**に示すように，コンテンツにより，無制限から，1世代のみコピー可能などとコピー回数に制限がかかるようになっている．1世代のみコピー可能とは当初，1回のコピーのみ認める「コピーワンス」というものだけだったが，その後，DVDへ9回コピーと1回の移動で合計10回の保存を行う「ダビングテン」というモードが運用で，copy_restriction_mode＝1とすることができるようになった．

表4.22 コピー制御の種類と運用[55]

ディジタルコピー制御	ディジタルコピー制御記述子の運用			コンテント利用記述子の運用	
	copy_control_type	digital_recording_control_date	APS_control_date	encription_mode	copy_restriction_mode
制約条件なしにコピー可	01	00	00	0	Don't care
				1	
コピー禁止		11	00	Don't care	Don't care
			00以外	Don't care	Don't care
9個までコピー可		10	00	Don't care	1
1世代のみコピー可					0
9個までコピー可			00以外	Don't care	1
1世代のみコピー可					0

4.4 テレビ会議システム

　テレビ会議は日本では1970年代に実用化されていた．テレビ画面とマイクを介す通信による会議で，十分な意思疎通は行えないが，出張の時間と経費が節約できる．映像伝送のコストが高額であるため，高能率の圧縮方式の進歩による装置の低価格化と，ディジタル回線の低価格化により普及が進んでいる．1988年にISDN第1種総合ディジタル通信サービスが，1989年6月には第2種総合ディジタル通信サービスが開始され，64 kbpsから1.5 Mbpsまでの低ビットレートの通信料金が低下した．また，映像符号化の国際標準化もITU-TのH. 261が1993年に勧告され，相互通信が保証されるようになった．

　音声の圧縮符号化方式は，3.4 kHzの電話帯域と7 kHzの高品質のモードがあり，**表4.23**のようになっている．

126   4. 画像の情報処理

表 4.23 音声の圧縮符号化方式

モード	ITU-T	ビットレート〔kbps〕	方　式
電話帯域	G.711	64	8 kHz, 8 bit PCM（A-law 欧州）（μ-law 日米）
	G.721	32	4 bit の ADPCM
	G.728	16	LD-CELP（low-delay code excited linear prediction）
高品質	G.722	64	SB-ADPCM（sub-band adaptive DPCM）

　ISDN テレビ会議システムは**図 4.47** のように，映像と音声に書画，FAX などの簡易端末を加え，統合して送受信される．このシステムは勧告 H.320 に基づいたもので，その後の国際標準化テレビ会議システムの基本となった．**図 4.48** に ISDN 初期のテレビ電話試作装置，**図 4.49** には大画面に等身大に近い表示をするテレプレゼンスというテレビ会議の例を示す．

　上で述べたテレビ会議システムは 2 地点間を 1 対 1 に接続する方式であるが，3 地点以上

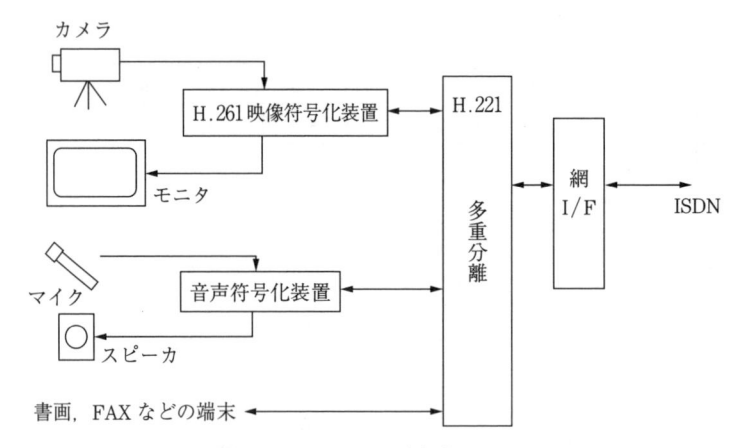

図 4.47 ISDN テレビ会議システム

図 4.48 ISDN 初期のテレビ電話試作装置〔(株) 東芝〕

図 4.49 テレプレゼンス（POLYCOM 社）

に接続できることが有効である。3地点の場合，発話している1地点の映像をほかの2地点に分配し，音声などで発信地点を切り替える方式と，3地点の映像を縮小し，合成した後，3地点に分配する方式がある。このような制御を行うのが**多地点接続装置**（multipoint control unit：**MCU**）である。MCUで画面を合成する方式では，合成処理に要する時間遅れや画質劣化などが加わる。

4.5　ファイル転送プロトコル

　コンピュータ間の画像データの転送には，**ファイル転送プロトコル**（ftp）を使用することができる。ftpはunixコンピュータどうしまたはwindowsとの間で，**図4.50**のような関係で使用できる。以下にコマンド例を示す。コンピュータunix1から，遠隔（リモート）のコンピュータunix2にopenコマンドで接続し，ログインする。unix1からunix2へファイルを送る場合は，unix1のファイルのあるディレクトリ位置にlcdで移動する。unix2のファイルを送る先をcdによって移動する。バイナリ転送では，binでモード設定をする。putコマンドで送るファイル名を指定する。unix2からunix1にファイルを受け取る場合は，getコマンドを使用する。

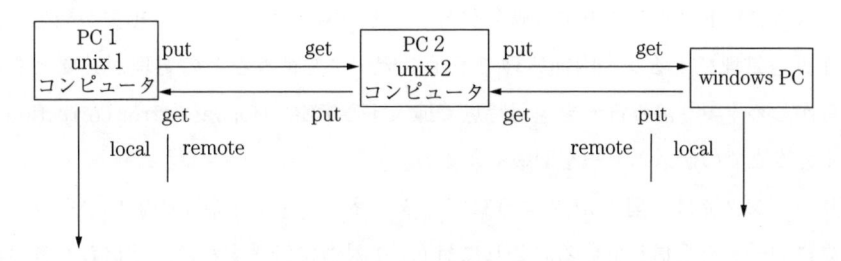

図4.50　ftpの関係

4.6　ストリーミング

　ストリーミング（streaming）とは，インターネットで音声，映像を連続的に送信し受信するシステムで，個人レベルでラジオやテレビ放送のようなサービスも可能となる。ストリーミングの標準化はインターネットの規格機関である**IETF**[1]でなされ，1995年にReal-time Transport Protocol（**RTP**）という伝送プロトコルが規格化（RFC1889）[2]された。

　音声や映像をインターネットで伝送する方法として，httpやftpでファイルを転送するこ

---

[1]　IETF：Internet Engineering Task Force
[2]　RFC：Request for Comments（IETFでの標準に関する文書）

とによって行うことができる。このような伝送は擬似ストリーミングと呼ぶが，ストリーミングのような応用を想定していないため，通常のままでは以下のような問題を有する。すなわち，ファイル転送であるため転送速度の制御がなく，トラフィックの変動が大きい。転送終了以後にファイルを参照するため，参照が遅れる。いったん受信側に保存するため複製が増えやすい，という問題がある。ストリーミングの標準化では，伝送速度の設定，受信中の再生，データを保存しない受信ソフト（ブラウザ）の開発を想定して規格が制定されている。すなわち，ストリーミングでは，送受信のシステムとして，擬似ストリーミングと異なり以下のような特徴を有する。

① ライブ放送を行う。
② 送信速度を制御する。
③ 受信中にコンテンツを再生したり頭出しができる。
④ 受信機に保存させないようにする。

インターネットのデータ伝送では通常 TCP（transport control protocol）というプロトコルでパケットを送り，パケットが紛失したときは再送するという確認がなされている。TCPではパケットにデータ以外の各種情報が追加されるため，冗長度が高くなる。これに対し，大量の映像データ伝送を行うため冗長度の少ない **UDP**（user data protocol）というコネクションレスのプロトコルを使用する場合がある。その場合は，パケット損失が発生した場合は，別途再送処理をするか，内挿処理で不足のデータを補うなどの処理が必要となる。また，あらかじめ，誤り訂正符号を送信時点で挿入する **FEC**（forward error correction）により，ある程度までの伝送エラーを回復できる。

ストリーミングでは，図 4.51 のようにインターネット上で 1 対 1 の通信がなされ，受信者は独立にデータを受信している。これに対し，1 対多に伝送すれば，受信者が多い場合には効率的になる。これが**マルチキャスト**送信である。データは送信サーバから，順次ルータを介し同時に受信する受信者に対し伝送されるが，各ルータでは受信者に対応してデータを分配していく。一般的なインターネットではこのような構成を実施することは難しいので，個別のネットワーク内で実施できる。図 4.52 にマルチキャストの通信を示す。

ストリーミングの送受システムとして，おもな製品例は，RealNetworks 社の RealSys-

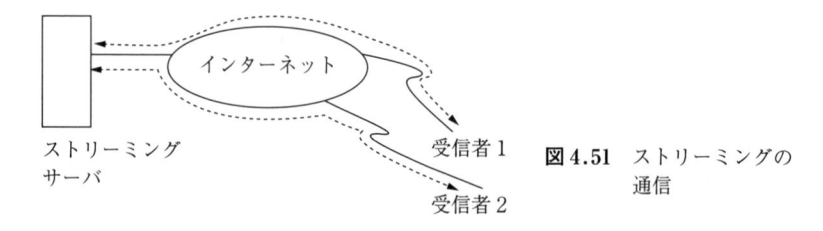

図 4.51 ストリーミングの通信

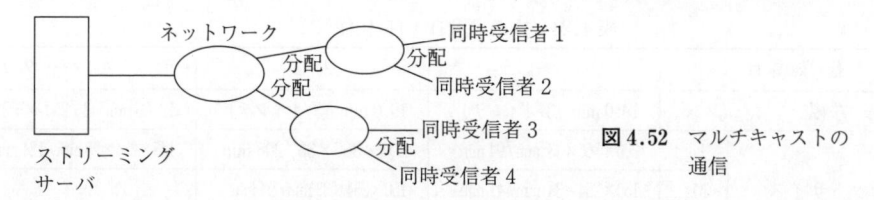

```
                    ネットワーク      同時受信者1
           ┌──┐              ○──○ 分配
           │  │──────────┤分配 ○
           │  │            分配 │  同時受信者2
           └──┘                 │
                                ○──同時受信者3    図4.52 マルチキャストの
         ストリーミング         分配                       通信
          サーバ                    同時受信者4
```

tem/RealPlayer，マイクロソフト社の Windows Media Player，アップルコンピュータの QuickTime などがある。

4.7 画像データベース

① リレーショナルデータベース（関係データベース）は項目に関係付けがされたもの。
② SQL（structured query language）は構造化された問合せ（検索）言語。
③ SQL は DDL（data definition language），DML（data manipulation language），DCL（data control language）の三つに分類される。

データベース管理システム（database management system：DBMS）には Oracle 社の Oracle，マイクロソフト社の Access，Web データベース用の MySQL，PostgreSQL などがある。

画像データベースは，一つ一つのデータサイズが大きいのと，縮小画像（アイコン）をつくることは可能だが，言語による適切なキーワードの作成を付与するが課題である。

4.8 映像のテープ記録

磁気テープの記録は，音楽や映像など大量の情報をアナログ的に記録するために使用されてきた。磁気テープは記録容量が大きいため，ディジタル記録でも，**ディジタルビデオテープレコーダ（D-VTR）** として使用されている。**表4.24**，**表4.25** に放送局用 D-VTR 仕様を，また，**表4.26** に放送局用 D-7 と家庭用 DV の仕様を示す。D-1 は 4：2：2 のコンポーネントに分解して記録する方式，D-2 は NTSC コンポジット信号のままディジタル化して記録する方式，ディジタルベータカムは小形のカセットテープにコンポーネント記録をする方式である。さらに，コンポジットで D-3，コンポーネントで D-5 規格がある。ハイビジョン規格として D-6 がある。可逆に近い圧縮を組み込んだ D-7（DVCPro）や同格の DVcam，家庭用 VHS-S をディジタル化した D-9 規格がある。

磁気テープの記録容量は膨大だが，DV などでは，ほとんど劣化のない 1/5 圧縮で，80 分テープに総容量 21 GB のデータを記録している。これは半導体のメモリにするためには，

表 4.24 放送局用 D-VTR 仕様（1）[57]

仕様項目		D-1	D-2	ディジタルベータカム
テープ幅		19.0 mm（3/4 インチ）	19.0 mm（3/4 インチ）	12.65 mm（1/2 インチ）
カセットサイズ	L	206×366×33 mm/94 min	206×366×33/208 min	145×254×25 mm/124 min
	M	150×254×33 mm/41 min	150×254×33 mm/94 min	—
	S	109×172×33 mm/13 min	109×172×33 mm/32 min	96×156×25 mm/40 min
テープ速度 トラックピッチ 映像フォーマット		286.6 mm/s 46.0 mm 4:2:2 コンポーネント	131.7 mm/s 35.2 mm NTSC コンポジット	96.7 mm/s 21.7 mm 4:2:2 コンポーネント
映像サンプリング	輝度	13.5 MHz（8 bit）	14.3 MHz（8 bit）	13.5 MHz（10 bit）
	色差	6.75 MHz（8 bit）		6.75 MHz（10 bit）
圧縮 映像レート 記録レート		なし 172.8 Mbps 225 Mbps	なし 94 Mbps 127 Mbps	有（1/2, intra-field DCT） 192 Mbps 128 Mbps
総容量（L カセット）		159 GB/94 min	198 GB/208 min	119 GB/124 min

表 4.25 放送局用 D-VTR 仕様（2）

仕様項目		D-3	D-5	D-6（HDTV）
テープ幅 映像フォーマット		12.65 mm（1/2 インチ） 4:2:2 コンポジット	12.65 mm（1/2 インチ） NTSC コンポーネント	19.01（3/4 インチ） 4:2:2 コンポーネント
映像サンプリング	輝度	13.5 MHz（8 bit）	14.3 MHz（10 bit）	74.255 MHz（8 bit）
	色差		6.75 MHz（10 bit）	37.125 MHz（8 bit）
圧縮 映像レート 記録レート 総容量（L カセット）		なし 94 Mbps 125 Mbps 225 GB/240 min	なし 250 Mbps 300 Mbps 270/120 min	なし 958.5 Mbps 1.18 Gbps 576 GB/64 min

表 4.26 放送局用 D-7 と家庭用 DV（digital video）の仕様

仕様項目		D-7（DVCPro）	ミニ DV（digital video）仕様
テープ幅 映像フォーマット		6.35 mm 4:1:1	6.35 mm 4:1:1
映像サンプリング	輝度	13.5 MHz（8 bit）	13.5 MHz（8 bit）
	色差	3.375 MHz（8 bit）	3.375 MHz（8 bit）
圧縮率 映像レート 記録チャネルレート 音声記録方式, 2ch ほか 総容量（チャネルレート）		5 25（=125/5）M bps 41.8 Mbps 48 kHz（16 bit） 57 GB/184 min, 38 GB/123 min	5 25（=125/5）Mbps 35.5 Mbps 48 kHz（16 bit）/32 kHz（12 bit） 21.3 GB/80 min

テープと同じ程度のコストにまで下げることと，高能率な圧縮を必要とする．利便性の高い半導体メモリの組込みや低コストである光ディスクや HDD などの回転機構を有するものが，テープでないビデオ記録媒体として普及していく可能性がある．

〔1〕 **DV圧縮方式**[56]　DV圧縮方式では，8×8画素ブロックでのDCT処理を行い，図4.53のようにDCT輝度ブロックを4個集めたものを**マクロブロック**と呼ぶ。また，図4.54のようにマクロブロックを27個集めたものを**スーパーブロック**といい，1フレームは720画素480ラインで構成される。図4.55にスーパーブロックの配置を示す。右端は画面サイズによって調整される。

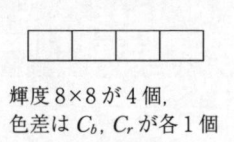

輝度8×8が4個，
色差はC_b，C_rが各1個

図4.53 DVのマクロブロック

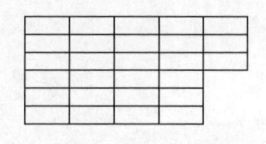

27個のマクロブロックからなる

図4.54 DVのスーパーブロック

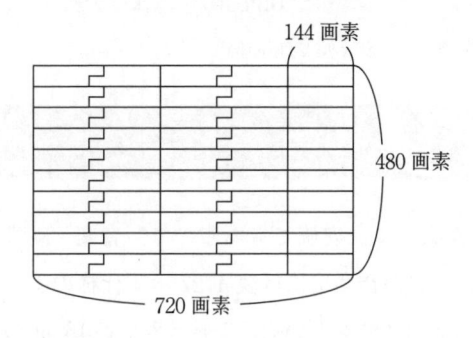

144画素
480画素
720画素

図4.55 スーパーブロックの配置

さらに，5個の離れたスーパーブロックを集める並べ替え（シャッフリング）をして符号量の調整をしながらブロックを埋めていくという工夫がされている。

従来からの放送局などで使用される業務用ディジタルビデオテープレコーダ（VTR）に対し，家庭用にも使用されるDV規格は，簡易な6ピンまたは4ピンのコネクタで接続される。図4.56に4ピンのミニDV端子を示す。

放送局などで使用される業務用ディジタルVTRの例として，NTSC用D2とハイビジョン用D6規格のものを図4.57に示す。

（a）ミニDVプラグ　　　　　（b）端子部の拡大図

図4.56 ミニDV端子（IEEE1394端子，i-link端子のうち，4ピンのもの）

（a）NTSC用D2規格（D-2 DVTR, DVR-10）〔ソニー（株）〕 （b）ハイビジョン用D6規格（D-6 HD-DVTR, GBR-1000）〔（株）東芝〕

図 4.57 業務用ディジタル VTR の例

4.9 CD, DVD

CD や DVD などの光ディスクは容量が大きく，安価でもあるので，音楽・映像・データなどの蓄積に広く使用されている。CD などの音楽用には**表 4.27** 示す仕様のようにいくつかの種類がある。音楽用 CD はコンパクトディスクといい，2 チャネル各 16 bit のデータをオーディオデータという。**図 4.58** に音楽用 CD のフレーム構造を示す。図のように 16 bit オーディオデータ 2 チャネル 6 サンプル分の 24 byte（192 bit）に対し，CIRC という誤り訂正符号が付与され，32 byte データとなる。これに同期信号（sync）とサブコード（SC）が加わり，1 フレームを構成する情報データ 288 bit となる。フレームは 98 個で 1 ブロックとなる。一方，情報データは，記録周波数の調整のため，場所により 8 bit を 14 bit に変換する処理にさらに 3 bit の付加ビットが加えられ，記録ピット上では 588 bit となる[57]。

表 4.27 オーディオディスクの仕様

仕様項目	音楽用 CD	SACD	DVD audio
サンプル周波数	44.1 kHz	2.8 MHz	48/96/(6ch), 192 kHz (2ch), 44.1/88.2/(6ch), 176.4 kHz (2ch)
bit 数	16 bit, 2ch	1 bit, 2ch	16/20/24 bits
オーディオレート	1.411 Mbps	5.6 Mbps	9.6 Mbps
ユーザ容量	783 MB/74 min	3.1 GB/74 min	―
書込み処理	8 → 14 変換	PWM	―
誤り訂正方式	CIRC (24 → 32), フレーム処理	―	―
チャネル総容量	2.40 GB/74 min	―	―

（注）**CIRC**（**c**ross **i**nterleaved **r**eed-Solomon **c**ode）

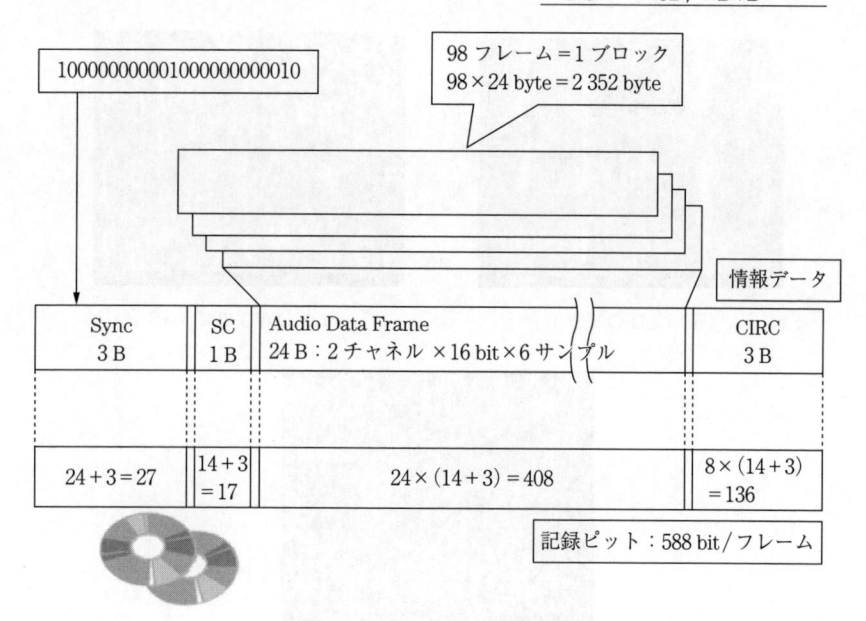

図4.58 音楽CDのフレーム構造

アナログのビデオディスクがディジタル化され，ディジタルビデオディスク（DVD）と呼ばれるようになったが，ディスクメディアがビデオ以外の記録にも広く使われるようになったため，現在**DVD**は digital versatile disk の略語とされている。

DVDはCDと同様なディジタルの光ディスクと呼ばれるもので，**図4.59**（a）〜（c）のようなピットという凹凸でディジタルデータを識別するDVD-ROMや色素や相変化で識別する，DVD-R，DVD-RAM，DVD-RWなどがある。DVD光ディスクには**表4.28**のようなものがある。記録容量がさらに増加したブルーレイディスク（Blu-ray disc）は，記録密度が5倍程度増え，さらに片面2層記録により，50GBの容量を使用可能となった。図4.59にCD，DVD，Blu-rayのピットの写真を示す。表4.28からレーザ波長はDVDに比べ約2/3短くなったが，トラックピッチやピット間隔が各2倍以上狭くなっている。

表4.29にDVDの仕様を示す。ユーザ容量に対しチャネル容量は約2倍になっている。**表4.30**にCD，DVD，Blu-rayのおもな仕様の比較を示す。ユーザデータ容量は1層についてであり，2層にすれば倍増する。Blu-rayの場合は片面2層で50GBある。**図4.60**に光ディスクの高密度化の動向を，**図4.61**にハードディスクの高密度化の動向を示す。いずれも今後高密度化がさらに進むと考えられる。

134   4. 画像の情報処理

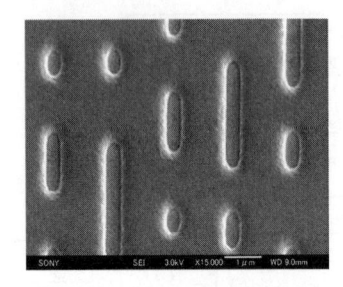

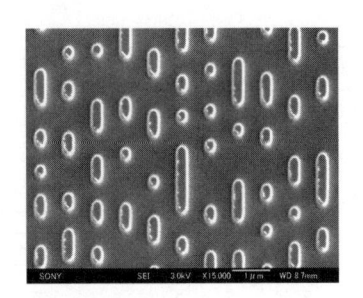

(a) CD のピット

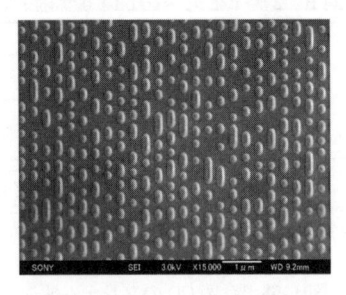

(b) DVD のピット

(c) Blu-ray のピット

図 4.59 光ディスクのピット（CD, DVD, Blu-ray の比較）〔ソニー（株）〕

表 4.28 光ディスクの分類

仕様	記録媒体と作用	記録方式	再生方式	DVD の記号
再生専用形	フォトレジスト作用	凹凸ピット	反射光量の計測	DVD-ROM
追記形	シアニン色素	色素を熱で変形	反射光量の計測	DVD-R, DVD+R
書換え型	Ag-In-Sb-Te 系, Ge-Sb-Te 系	相変化	反射光量の計測	DVD-RAM, DVD-RW, DVD+RW
	TbFeCo	熱で磁気を変形	磁気光学効果	MO（magnetic optical）

表 4.29 DVD の仕様

仕様項目	DVD-ROM, DVD-R	倍率
ディスク直径, 厚〔mm〕	120 mm, 0.6 mm×2	
ピックアップ光の波長	赤色レーザ 650/635 nm	
回転速度	3.49 m/s CLV	
ユーザ容量, ユーザデータレート	4.7 GB, 11.08 Mbps	1.0
記録変調方式	8〜16 bit 変換	2.0
誤り訂正方式：フレーミング	リードソロモン	1.18
チャネル総容量	26.16 Mbps	2.36

表 4.30 CD, DVD, Blu-ray のおもな仕様の比較[58]

仕様項目	CD	DVD	Blu-ray
レーザ光波長〔nm〕	780	650	405
トラックピッチ〔μm〕	1.6	0.74	0.32
データビット長〔nm/bit〕	590	270	120
誤り訂正方式：リードソロモン	(32, 28, 5)	(208, 192, 17)	(248, 216, 33)
変調方式	EFM	8〜16 変調	1〜7PP 変調 (2〜3)
ユーザデータ容量 (1層につき)	650〜740 MB	4.7 GB	23, 25, 27 GB
転送レート〔Mbps〕	1.4	11.08	36

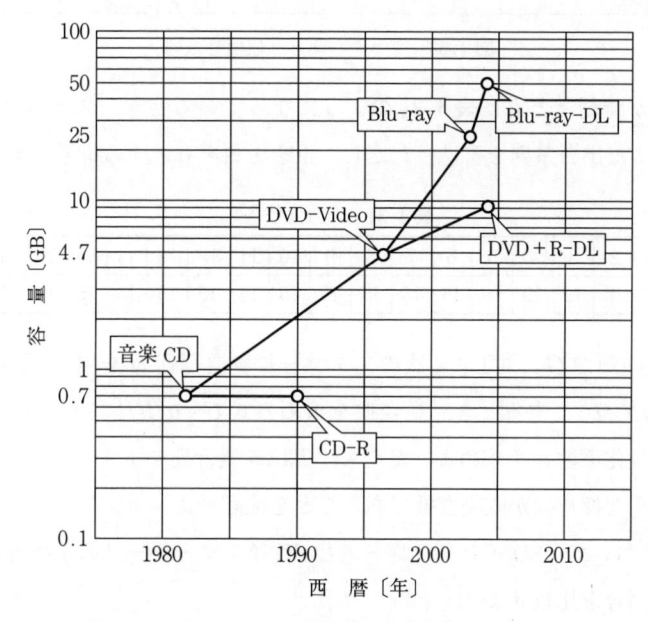

図 4.60 光ディスクの高密度化の動向 (3.5 インチ)

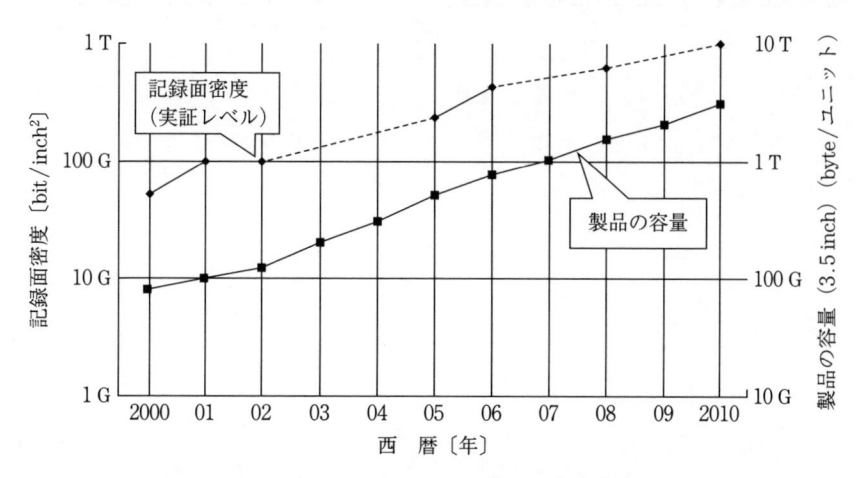

図 4.61 ハードディスクの高密度化の動向

演 習 問 題

(1) **図4.62**で上のラインを MH 符号化せよ。また上のラインを参照し，下のラインを MR 符号化せよ。

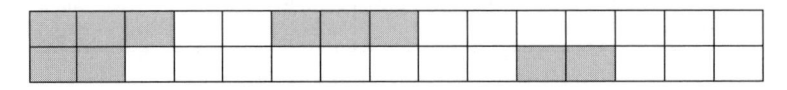

図4.62 ファクシミリ2値信号系列

(2) 入力信号が時刻とともに**表4.31**のようになっているとき，ステップ幅 $\Delta=1$ のデルタ変調を行った出力系列を書け。ただし，正を1負を0とする符号とする。

表4.31 入力信号系列

時刻	—	1	2	3	4	5	6	7	8	9	10	11	12	13	14	15	16	17	18	19	20
入力	—	10	10	10	10	10	15	15	15	15	15	15	15	15	15	15	15	15	15	15	15

(3) 4×4 画素の画像 G に対し，4次のアダマール変換行列 H を用い，2次元アダマール変換を $F=HGH^T$ とするとき，逆変換を求める式 $G=\alpha JFJ^T$ における J の形（4×4 行列で）と正規化係数 α を求めよ。ただし，T は転置行列を示す。

(4) アダマール変換行列が直交変換であることを検証せよ。

(5) 表4.21において，SD インターレースと HD インターレースの1秒当りの原情報量を求め，その割合を比較せよ。

(6) 動画像を用意し，MPEG-2 符号化を行い，ビットレートと SN 比の比較を行ってみよ。

5. 表示・印刷技術

画像の処理結果は，モニタに表示したり印刷して画像として認識できる状態になる。PCモニタ，テレビなどの表示装置に出力することをソフトコピーするという。また，プリンタで紙などに印刷することをハードコピーにするという。前者は色のついた光線の加法混色で出力されるが，後者は色インクなどの減法混色で出力され，その技術が異なるため出力結果の性質も大きく異なる。画像処理に対する画質の善し悪しは，はじめに与えられた原画像に対し，その後に行われた画像処理による変化を誤差として品質評価がなされる。誤差を数量として定義して評価する客観評価法と，原画像と処理結果画像を見比べて人間が判定する主観評価法がある。目で見る画像の品質は，視覚特性による許容量の変化とともに画像に写されているもの（コンテンツ）によって注目領域が変化することから，数値的な客観評価ではまだ実際の劣化を正しく反映できていない。

5.1 ディスプレイ技術

ディスプレイへの表示はソフトコピー，印刷することをハードコピーという。画像のソフトコピーとしての表示装置には，**CRT**，**液晶**，**プラズマ**などのディスプレイ装置がある。CRTは古くからテレビ，コンピュータ用モニタとして使用されてきたが，重量が大きく，大画面化や薄形化が難しいという問題があった。液晶，プラズマは薄形で大画面化しやすい。

5.1.1 CRTディスプレイ

CRTはcathode ray tubeの略で，ブラウン管ともいわれ，**図5.1**のような構造をしている。映像信号により真空管中の電子銃の進行方向を制御し，画面の蛍光体を照射する。

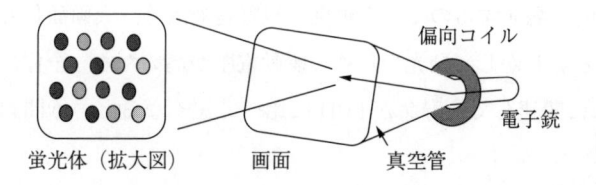

図5.1 CRTディスプレイの構造

5.1.2 液晶ディスプレイ

液晶ディスプレイ（liquid crystal display：**LCD**）は液体でありながら，結晶の性質を有するシアノビフェニールなどの有機化合物（**図5.2**）を用い，電圧制御により結晶の向きを変化させ，光を通過させたり遮断したりして明暗をつくる。液晶ディスプレイでは通常，光の通過と遮断のON/OFF特性を高度化するため偏光を用い，直交した偏向板の間を90°の回転を与えて通過させるという制御を行う方式が多い。**図5.3**に偏光のON/OFFの動作仕組みを示す。

図5.2 シアノビフェニール系液晶

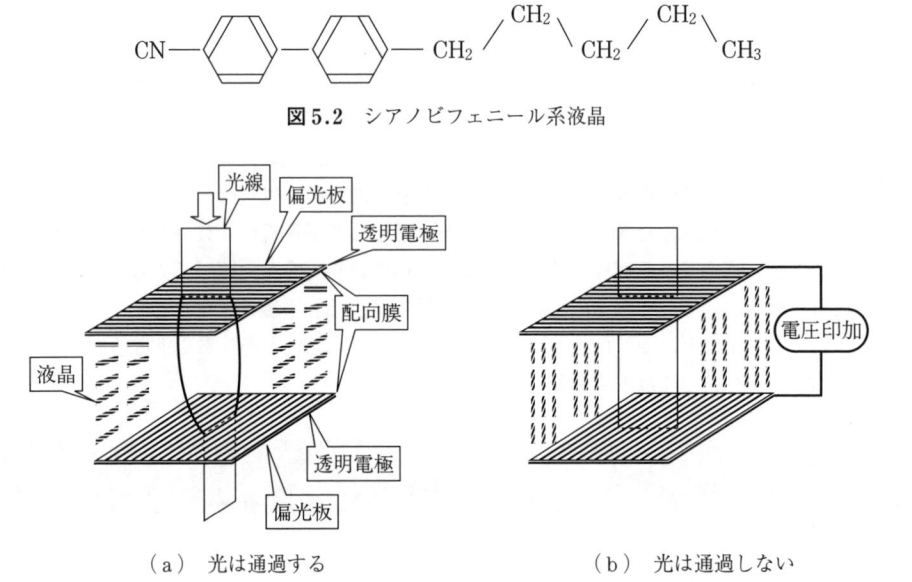

（a） 光は通過する　　　　　　　　（b） 光は通過しない

図5.3 偏光のON/OFFの動作仕組み

LCDは偏光した光線が直進するため視野角が狭い，バックライトが弱いと輝度が少ない，液晶の特性上応答が遅い，などの問題があったが，均等に散乱させる工夫，バックライトを均一に分散し強化する工夫などにより大画面化が進んでいる。

5.1.3 プラズマディスプレイパネル

プラズマディスプレイパネル（PDP）は，1画素ずつプラズマ放電する微小な電球を敷き詰め駆動する。この電球は，ネオンガスやキセノンガスなどの不活性ガスを封入した蛍光灯である。PDPは，1画素ずつ自発的に発光するので，高輝度で視野角も広く，大画面化も素子を延長すればよいので容易である。しかし，発光のための駆動電圧が高いため，全体の消費電力が大きくなる。また，それに関連して，寿命がLCDに比べて短くなるという問題もある。

5.1.4 EL ディスプレイ

EL ディスプレイ（electro luminescence）は，電圧をかけると発光する性質の物質を使用するもので，無機 EL，有機 EL がある．

5.2 インターレース，ノンインターレース表示

NTSC や **PAL**，**SECAM** などのテレビ方式では，1枚の画像フレームは2枚フィールドに分割される．**図 5.4** にフィールド構造のインターレースとフレーム構造のノンインターレースを示す．

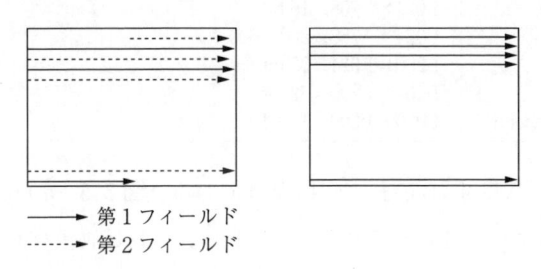

⟶ 第1フィールド
⤑ 第2フィールド

（a）インターレース方式　　（b）ノンインターレース方式

図 5.4 フィールド構造のインターレースとフレーム構造のノンインターレース

NTSC 方式では，525 本の走査線からなるフレーム（駒）が1秒間に30枚あることを想定し，実際は 60 フィールドの表示がなされる．1フィールドは，262.5 本の走査線からなり，第1フィールドは走査線の半分の位置で終了し，つぎの第2フィールドへ続く．525 本のうち**垂直帰線期間**の 40 本を除いた 485 本が有効な画像である．このような表示を**飛び越し走査**または**インターレース**という．インターレースにすることにより空間解像度は減少するが，動きに対する時間解像度が上がり，フリッカ（ちらつき）も減少する効果がある．一方，**ノンインターレース**は PC モニタなどで使用されており，フィールドに分解したり，静止画をフレームに合成したりする処理が不要となる．ノンインターレースはまた**プログレッシブ**（progressive）表示ともいわれる．30 フレーム/60 フィールドのインターレースは，NTSC テレビ方式が制定された時代の表示回路技術を前提に考えられたものであり，現在の PC モニタでは，高解像度のノンインターレースで 60〜90 Hz 以上の表示が可能となっている．

テレビ方式は，**表 5.1** のようにデジタル放送では解像度はフレーム周波数が向上しており，特にハイビジョン使用の 1080i はインターレースではあるが解像度が高い．

PC モニタはグラフィック機能により，**表 5.2** のような仕様の解像度が定義されている．フレーム周波数は，使用するハードウェアとモニタの性能により適宜選択できる．

表5.1 テレビ方式の解像度 (i：interlace, p：progressive)

仕　様		画面解像度	画面比率	フレーム周波数
NTSC		720×480	4：3	29.97 Hz
デジタル放送	480 i	640×480, 720×480	4：3/16：9	29.97 Hz
	480 p	720×480	16：9	59.94 Hz
	720 p	1 280×720	16：9	59.94 Hz
	1 080 i	1 920×1 080	16：9	29.97 Hz

表5.2 PC モニタのおもな解像度
(VGA：video graphic array)

仕　様	画面解像度
VGA	640×480
XGA（eXtended）-2	1 024×768, 16 bit
SVGA（super）	1 024×768, 800×600
SXGA（super）	1 280×1 024, 32 bit
UXGA（ultra）	1 600×1 200, 32 bit
WUXGA（widescreen）	1 920×1 200, 16：10

テレビ方式は1画素の画面上での形状は4：3の長方形になっている〔**図**5.5（a）〕。一方，PC の画像データは1：1の正方形から成り立っている〔図（b）〕。テレビ放送を PC に取り込むとき，またはその逆の転送を行うときは縦横比の調整を必要とする。

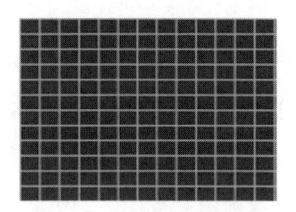

（a）テレビの画素配置　　　　（b）PC の画素配置

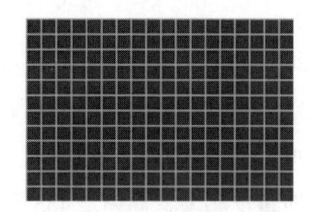

図5.5　テレビおよび PC の画素配置

5.3　印刷技術 YMC，網点，ディザ

図5.6にカラー画像の色変換の流れを示す。テレビなどのディスプレイでは図のように，通常 RGB データを加法混色して表示している。自発光するディスプレイと異なり，反射時の波長の吸収で色をつくる印刷では減法混色となる。YMC 変換後に印刷をするのが簡易な基本方式である。階調の表現として，ディザ処理や網点処理が行われる。ディスプレイへの表示はソフトコピー，印刷することをハードコピーという。RGB は YMC と補色の関係にあり，0から1に正規化すれば

5.3 印刷技術 YMC，網点，ディザ

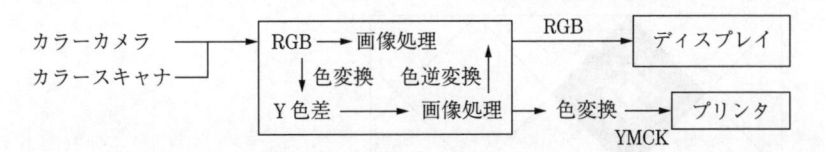

図5.6 カラー画像の色変換の流れ

$$\left.\begin{array}{l}Y = 1-B \quad [Y \text{ は yellow（イエロー）}] \\ M = 1-G \quad [M \text{ は magenta（マゼンタ）}] \\ C = 1-R \quad [C \text{ は cyan（シアン）}]\end{array}\right\} \quad (5.1)$$

となる．この変換色は理想状態で成り立つもので，印刷の色素の性質により理想的な混色をすることは難しい．そこで，黒色（K）を別扱いにして，4色のYMCKで出力することが多い．**図5.7**に黒（K）を用いる色表現を示す．黒色は純黒や灰色表示のほかに，白色以外をYMC 3色で表すかわりに黒を加えて4色で表すことと，黒色（含む灰色）とYMCのうちの2色とで表し，インク量を削減することができる．後者を**下色除去**（under color removal）という．

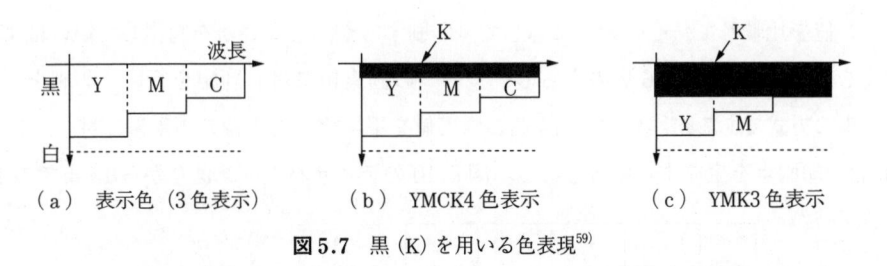

（a）表示色（3色表示）　　（b）YMCK4色表示　　（c）YMK3色表示

図5.7 黒（K）を用いる色表現[59]

5.3.1 面積階調表現

カラースライドのような透過フィルムでは，色素の濃さが厚みにより表せるが，白紙への印刷では，色素の濃さは2値の表現しかできない．そこで，微小面積内で着色面積を変化させ濃さを表す．これを面積階調表現という．濃度を面積のあるパターンに変換する方式として，網点法，ディザ法をはじめ多数の方式がある．

5.3.2 網　　　点

網点は，格子状の微小領域に濃度値に応じて印刷面積を大きくする印刷手法で，モノクロでは，**図5.8**に示す45°の網点印刷パターンのような格子で生成される．中心部より濃度に応じて広がっていく．格子を45°に配置するのは，縦横の正方格子では，周期的な模様が目立ちやすいためである．

142   5. 表示・印刷技術

図 5.8　45°の網点印刷パターン

カラー印刷では，各色の版にわずかな印刷ずれがあると，**モワレ**という周期的なパターンが発生する。このため，色版をさらに±30°回転させ，15°，75°に配置するモワレ防止の手法が多く使用されている[59]。

5.3.3 ディザ処理

ディジタル信号処理を行う場合は，**図5.9**に示すディザ法の格子例のように，全体を正方格子にして各格子の内部を周期的になりにくいパターンに決めればよい。濃度を階調パターンに変換する手法として，ディザ法がある。**図5.10**に4×4画素からなる17階調まで表現できるディザパターンを示す。ディザ処理は**図5.11**のような構成で，濃度値とディザパターン値を比較して，その大小に応じて，印刷するか，しないかを判定していけばよい。解像度を高く保つため，16個のうちの一つ一つの画素値に対し判定を行い，印刷をする場合が本来の方式であるが，4×4の16個の画素値を平均化した1個の画素値に対し，4×4点の16個の印刷点を生成する場合もある。図5.10のディザパターンは0から15までの16階

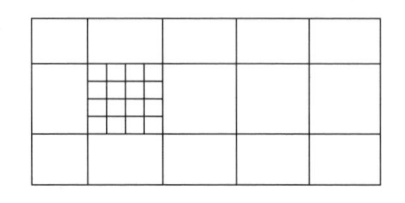

図 5.9　ディザ法の格子例
（4×4点の場合）

0	8	2	10
12	4	14	6
3	11	1	9
15	7	13	5

（a）ベイヤー形（分散ドット形）

6	7	8	9
5	0	1	10
4	3	2	11
15	14	13	12

（b）渦巻き形（集中ドット形）

14	5	9	13
10	1	0	4
6	2	3	8
15	11	7	12

（c）網点形

図 5.10　ディザパターン

画素値　0〜255 → 比較器 → 0/1 出力
　　　　　　　　↑
　　　　$T \times 15 + 15$ （15, 30, 45, …, 240）
　　　ディザパターン（$T = 0 \sim 15$）

図 5.11　ディザ処理の構成

5.3 印刷技術 YMC，網点，ディザ

調であるので，8 bit の 256 レベルの信号に対しては，このディザパターンを 15 倍したものに 15 を加えたしきい値 T を比較器に入力すれば，256 階調を 17 階調に縮退して印刷できる．

ディザ処理は，ディザパターンの周期で処理が繰り返される．図 5.10 の例では 4×4 点ごとに同じパターンが適用される．このため，全体で見ると，画素値とは無関係の周期的な模様が発生することがある．**図 5.12**（a），（b）に原画像とそれをディザ処理した結果を示す．このような周期的な格子模様を抑圧する手法として，**誤差拡散法**がある．誤差拡散法はディザパターンの処理で，発生した量子化の誤差をつぎの画素のディザ処理に繰り込むものである．例えば，ベイヤー形のディザ処理において，入力の輝度値 $x=170$ に対し，ディザパターン 0 と比較して 255 を出力するので，真の輝度に対する表示の誤差 e は $e=255-x=85$ となる．つぎの輝度が $x=180$ のとき，ディザパターン $8\times 15=120$ と比較するとやはり出力は 255 となる．ここで，はじめの画素の誤差 +85 を差し引くと $180-85=95$ となり，ディザパターン $8\times 15=120$ と比較すると出力は 0 となる．このときの誤差は累積値として，$e=0-95=-95$ となる．このように誤差を考慮することによって，より正確な輝度が表現される．**図 5.13** に各種誤差拡散フィルタを示す．Floyd-Steinberg の誤差拡散法では，図 5.13（a）のように周辺 4 画素に誤差を配分して加算していく．誤差拡散法は誤差を正確に累積することに加え，定常部での周期構造を乱す効果があると考えられる．図 5.12（c）に Floyd-Steinberg の誤差拡散法の処理結果を示す．

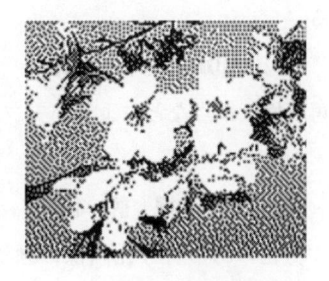

(a) 原画像　　(b) ディザ処理　　(c) Floyd-Steinberg の誤差拡散法の処理結果

図 5.12 ディザ処理した結果

	X	7/16
3/16	5/16	1/16

(a) Floyd-Steinberg

		X	4/16	2/16
1/16	2/16	4/16	2/16	1/16

(b) Burkes

		X	8/42	4/42
2/42	4/42	8/42	4/42	2/42
1/42	2/42	4/42	2/42	1/42

(c) Stucki の誤差拡散フィルタ

図 5.13 各種誤差拡散フィルタ

5.4 画像品質評価

5.4.1 画質の評価

画像の品質は，符号化，伝送，画像処理などにより劣化し，原画像と異なるものになる。画像の劣化の要素として，階調性，鮮鋭度，粒状度，色再現性，伸び縮みなどの歪み，さらに動画像では動きの解像度としてのフィールド/フレームの駒数などがある。また画像の劣化が発生する原因に関し，カメラなどによる入力，圧縮，伝送，ディスプレイ表示，印刷などごとに特有の詳細な要因が調べられている。本書では，はじめにディジタル化された状態を原画像とし，その後の変化したものを劣化画像とし，特に圧縮と印刷における劣化について述べる。

〔1〕 **圧縮による劣化**　画像圧縮による劣化は，圧縮の方式に依存し，独特の歪みが発生する。DPCM方式では，勾配過負荷による「波形のなまり」，定常誤差による「粒状ノイズ」，エッジビジネスよる「リンギング」などが特徴的に出る。またJPEGでは8×8画素単位の「ブロック歪み」，周波数特性の劣化による「ボケ」，境界周辺に発生しやすい「モスキートノイズ」などが代表的な劣化である。そこで，これらの劣化に着目した，評価をすることにより詳細な比較が可能となる。人間が画像を見て評価するやり方を主観評価という。一方，原画像と復号画像の差を評価関数により数値化する客観的な評価も広く使われている。

〔2〕 **印刷に関する劣化**　カラープリンタなどのハードコピーでは，色再現性，黒色の再現性，網点などによるハーフトーンの再現性，などが重要点である。

5.4.2 客観評価

劣化のある符号化画像の画質評価には，**信号対雑音比**（signal to noise ratio：**SNR**，**SN比**）が最もよく使用される。SN比は原画像信号 S（signal）と復号画像との誤差の2乗の平均の平方根（**平均2乗誤差**）N_{rms}（noise；root mean squre）との比の逆数をもとに計算されるもので，式(5.2)で定義され，単位として，dB（デシベル）が用いられる。

$$\text{SN比} = 20\log_{10}\left(\frac{S_{pp}}{N_{rms}}\right) \text{ [dB]} \tag{5.2}$$

信号 S は2乗平均値ではなく，最大変動値 S_{pp}（peak to peak）が使用されることが多い。S_{pp} は8 bitで表されている信号の場合は $S_{pp}=255$ の固定値となる。誤差の2乗平均の平方根をとらず，2乗平均値 N_{rms}^2 を用いる場合は，SN比は

$$\text{SN比} = 10\log_{10}\left(\frac{S_{\text{pp}}^2}{N_{\text{rms}}^2}\right) \; [\text{dB}] \tag{5.3}$$

となる。このSN比は画面全体の誤差を平均するため，1か所だけに大きな誤差があっても，平均により小さい値にしかならないことや，画像全体が1レベル増減するという場合は画質的には変化がないのに，SN比の数値には大きい影響があるという問題はあるが，いずれも符号化においては発生しにくい処理であるため，実用上問題は少ない。このほかに2乗平均のかわりに，絶対値の平均を用いて実行時間を減らす簡易方式も用いられることもある。

PCMの場合，量子化bit数に対し**量子化誤差**は**一様分布**をすると仮定すれば，各bit数bの量子化誤差をノイズNとしてSN比を計算できる。量子化幅dの区間に**図5.14**のように一様な量子化誤差があるとき，その平均は0でN_{rms}^2は分散と一致する。分散は

$$\sigma^2 = \frac{1}{d}\int_{-d/2}^{d/2}(x-0)^2 dx = \frac{1}{d}\left[\frac{1}{3}x^3\right]_{-d/2}^{d/2} = \frac{1}{12}d^2 \tag{5.4}$$

となる。これから，$d = 2^{-b}$を使い

$$\begin{aligned}\text{SN比} &= 10\log_{10}\left(\frac{S_{\text{pp}}^2}{N_{\text{rms}}^2}\right) = 10\log_{10}\left(\frac{12S_{\text{pp}}^2}{d^2}\right) = 10\log_{10}\left(\frac{12S_{\text{pp}}^2}{2^{-2b}}\right) \\ &= 10\log_{10}\left(12S_{\text{pp}}^2\right) + 20b\log_{10}(2) = 10\log_{10}\left(12S_{\text{pp}}^2\right) + 6.020\,6b\end{aligned} \tag{5.5}$$

となり，1 bit当り約6 dBのSN比の向上があることがわかる。

図5.14 量子化幅dの区間の一様な量子化誤差

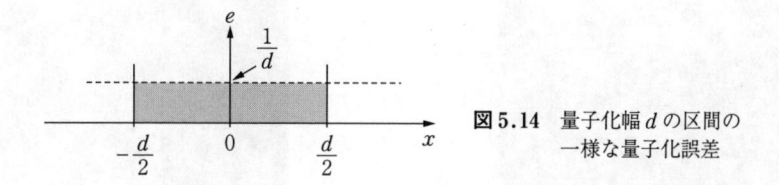

表5.3は3種類の異なる画像をJPEG圧縮した結果の例で，圧縮率を20にした場合，SN比はそれぞれ36, 37, 39 dBと異なっている。また，SN比を37 dBにしたときの圧縮率は16, 20, 31となっている。

表5.3 3種類の異なる画像をJPEG圧縮した結果の例

圧 縮 率	11	16	20	27	31	41
古 城 [dB]	39	**37**	36	35	34	33
チューリップ [dB]	39	38	**37**	36	36	34.5
ブドウ [dB]	42	40	39	38	**37**	36

図5.15に原画像と，JPEG圧縮した場合のSN比37 dBの復号画像を示す。同じSN比でも画像の種類により劣化の仕方が異なる。「古城」は細かい模様が多く圧縮はしにくいが，劣化は目立ちにくい。「ブドウ」は圧縮はしやすいが劣化も目立つ。

(a) 古城（原画像） (b) 古城（SN比37 dB）

(c) チューリップ（原画像） (d) チューリップ（SN比37 dB）

(e) ブドウ（原画像） (f) ブドウ（SN比37 dB）

図 5.15 古城, チューリップ, ブドウの各原画像および SN 比 37 dB の復号画像

5.4.3 主観評価

符号化画像の客観評価 SN 比は誤差の2乗平均に基づいた公正な数値であるが, 5.4.2 項で述べたように, 画像によって圧縮特性が異なる。したがって, 画質の評価は SN 比や圧縮率によって概略は決められるが正確には決められない。そこで, 復号結果を人間の目で見て判断するのが主観評価である。

5.4 画像品質評価

〔1〕 **評定尺度法**　主観評価では，特定の評価項目に関して評価したり，総合的に評価したりするが，**表5.4**のような**5段階評価**によりなされることが多い。5の非常によいとは符号化結果の評価の場合は，原画像と区別がつけられない程度を意味する。1の非常に悪いは応用により異なる。評価結果は曖昧になりやすいので，あらかじめ評価者に基準を知らせておくことが重要である。

〔2〕 **EBU 法**　人間にとって一定の基準を正確に維持することが難しく，単一の画像に対し絶対的な判断をすることは不正確になりやすい。**2重刺激法**（double stimulus method）は2枚の画像を交互に提示して，比較しながら評価を行う方法である。対比較ともいわれ，符号化の評価では，原画像と符号化画像，または符号化画像どうしの提示がなされる。**EBU 法**（European Broadcasting Union）は欧州で規格化された手法 double-stimulus impairment scale method で，相対的な差異を検出していく。

〔3〕 **2重刺激連続品質尺度法**　**2重刺激連続品質尺度法**（double stimulus continuous quality scale）は，EBU 法と類似した手法で，画像を交互に評価し，絶対的な評定値も判断していく。評価の概要は以下のとおりであるが，正確には詳細な規定がある。

① 画像 A を約10秒間観察する。

② 画像 B を約10秒間同じディスプレイに表示し，観察する。

③ 再度，画像 A および画像 B を観察し，それぞれの評価結果を評価用紙に記入する。
　　ここで，画像 A と画像 B は原画像や種々の圧縮率の復号画像であり，提示の順序はランダムにする。

④ 全評価者の結果を画像種別（圧縮率ごとなど）ごとに求め，平均処理をする。

主観評価は，人間的変動要素が入り込みやすいので，その手法は標準化されている。**表5.5**に代表的主観評価基準を示すが，このほかにも多くの基準が制定されている。

表5.4　5段階評価基準

評価点	評価基準
5	非常によい
4	よい
3	普通
2	悪い
1	非常に悪い

表5.5　代表的主観評価基準

ITU-R BT. 1129	subjective assessment of standard definition digital television systems 視距離，画面サイズ，画面の明るさ，コントラスト，色温度，背景の明るさ，評価者の配置
BT. 500	methodology for the subjective assessment of the quality of television pictures 評価画像の提示方法，評点のつけ方，結果の分析，評価項目
BT. 1210	test materials to be used in subjective assessment 評価実験用の標準画像（映像情報メディア学会）

演 習 問 題

（1）インクジェット方式などのカラープリンタで印刷した画像を拡大鏡で観察し，色とドットの関係を調べてみよ．

（2）明るさの値として0, 1, 2, 3, 4, 5, 10, 20, 30, 40の画像をつくり，印刷して，レベル差があれば明確に差が視覚的に識別できるか調べてみよ．

（3）同じ実験を液晶ディスプレイやプラズマ，CRT ディスプレイで試してみよ．

（4）撮影した画像（自然画像）を8 bit の白黒画像変換した後，+1または-1の変動をランダムに与えるノイズを加えたときのSN比を求めよ．また，+2と-2の場合，+4と-4の場合，+8と-8の場合についても計算せよ．また，各画像を表示して劣化の様子を観察せよ．

（5）カラーの静止画像を用意し，JPEG と JPEG2000 の両方式で圧縮し，復号画像と原画像の誤差に関するSN比を求めよ．ただし，SN比の計算は，輝度信号 Y について行うものとする．圧縮のパラメータを変更していろいろ試してみよ．また，復号画像を原画像と見比べて主観評価を行ってみよ．

6. メディアの著作権とセキュリティ

　画像などのアナログメディア，絵画，書画，映像には古くから著作権というものがあった。アナログメディアの複製の制作は，難易度が高くコストもかかる。ディジタルメディアに関しても著作権があるが，簡単に複製がつくれるため，著作権の保護つまりメディアを保護することが重要な課題となってきた。これは画像に限らず音響データやあらゆる電子化された情報データ全体に生じている問題である。画像に特有な手法としては電子的な透かしを入れる技術がある。コンピュータの発達によるディジタル化により，従来は困難だったことが誰にでも簡単にできるようになっていくことに対応して，技術者倫理の適用範囲を広める必要があり，逆に技術の普及を調節し，困難化したり規制を設けるという管理技術も重要な課題となっている[60]。

6.1　ディジタルメディアの著作権

　画像・音声などのメディアは，情報としての経済的価値や芸術的価値を有す。ディジタル化したメディアデータは紙や実演奏とは異なるが，同様に価値を有する。ディジタルデータは劣化なく，高速に大量の複製をつくれる便利さがあると同時に，その複製を受け取った者が再度複製する二次的な複製も容易であるということが問題になることがある。

　著作権法の対象となる情報として，文芸，学術，美術または音楽の範囲に属する著作物，演劇的に演じ，舞い，演奏し，歌い，口演し，朗詠するなどの実演，蓄音機用音盤，録音テープ，CD，DVD などのレコードもの，放送などがあるが，情報化やメディアの進展により，広がりつつある。**表6.1**に著作権法の対象となる情報を示す。メディア系のおもな著作物を**表6.2**に示す。これに対し，単なるデータ，アイディアのみのもの，数学的アルゴリズムは著作物にならない[60]。

　著作権は，人格的な権利を保護するものと財産的な利益を保護するものとの2種に分けられる。人格的な権利に関する「著作者人格権」として，公表権，氏名表示権，同一性保持権がある。また，財産的な利益を保護する「著作権（財産権）」として，複製権，上演権・演奏権，上映権，公衆送信権等，口述権，展示権，頒布権，譲渡権，貸与権，翻訳権・翻案権

表 6.1 著作権法の対象となる情報

事　項	具 体 的 内 容
著 作 物	思想又は感情を創作的に表現したものであって，文芸，学術，美術又は音楽の範囲に属するもの（著作権法2条1項1号）
実　　演	著作物を，演劇的に演じ，舞い，演奏し，歌い，口演し，朗詠し，又はその他の方法により演ずること（著作権法2条1項3号）
レ コ ー ド	蓄音機用音盤，録音テープその他の物に音を固定したもの（著作権法2条1項5号）
公 衆 送 信	無線の放送や有線放送は大枠で統合されたが，著作物，実演などの詳細項目には，個別の規定がある。

表 6.2 メディア系のおもな著作物

種　類	著 　作　 物
音　　楽	楽曲および楽曲を伴う歌詞
静 止 画	絵画，版画，彫刻，美術品，漫画，書跡，写真
地図, 図形	地図と学術的な図面，図表，模型，建造物，建築設計図
動　　画	映画，テレビ映像，舞踊，バレエ，ビデオソフト
ゲ ー ム	ゲームソフト，キャラクター
インターネット	ホームページ
ソフトウェア	コンピュータプログラム
二次的著作物	上記の著作物を翻訳，編集，編曲などしたもの
編 集 作 品	百科事典，辞書，新聞，雑誌
データベース	データベース

等がある。また，無断で二次的著作物を利用しないよう二次的著作物の利用に関する原著作者の権利がある。

6.1.1　著作物保護期間

著作物保護期間は，創作の時点，実演，レコードの発売，映画の上映，放送を行った時点から70年で，著作者の死後も50年継続する。

6.1.2　プライバシーの権利と個人情報の保護

プライバシーの権利とは，個人の私的事項を情報として暴露させない権利というものであるが，ディジタル化された個人情報は，その流出の制御が難しい。日本でも個人情報保護法が制定され，ソフトウェア的には保護を行う仕組みが開発されているが，物理的に操作を不便にするなどの経済性に反する保護策はとりにくいため，十分な保護がなされていない。

6.1.3　有害情報と流通

個人情報とは別に種々の有害情報がディジタル化され，無制限に流通されることがある。有害情報とは，犯罪に加担する情報，他人を傷つける情報，著作権を侵害する情報，個人情

報，企業のインサイダー情報，コンピュータウイルスなど多種にわたる。

6.1.4 著作物を自由に使える場合

著作権が存在しても，私的な複製，図書館での規程に準拠したコピー，公表された著作物の引用などを行うことができる。著作物を自由に使える場合について以下に示すが，現在では使用が可能となっているものでも，著作権の法律は改正が頻繁になされているため，その時点での最新の情報を文献 61) などで確認する必要がある。

- 私的使用のための複製
- 図書館等における複製
- 引用
- 教科用図書等への掲載
- 教科用拡大図書等の作成のための複製等
- 学校教育番組の放送等
- 教育機関における複製等
- 試験問題としての複製等
- 視覚障害者等のための複製等
- 聴覚障害者のための自動公衆送信
- 営利を目的としない上演等
- 時事問題に関する論説の転載等
- 政治上の演説等の利用
- 時事の事件の報道のための利用
- 裁判手続等における複製
- 情報公開法等における開示のための利用
- 国立国会図書館法によるインターネット資料収集のための複製
- 放送事業者等による一時的固定
- 美術の著作物等の原作品の所有者による展示
- 公開の美術の著作物等の利用
- 美術の著作物等の展示に伴う複製
- 美術の著作物等の譲渡等の申出に伴う複製等
- プログラムの著作物の複製物の所有者による複製等
- 保守，修理等のための一時的複製
- 送信の障害の防止等のための複製
- 送信可能化された情報の送信元識別符号の検索等のための複製等

- 情報解析のための複製等
- 電子計算機における著作物の利用に伴う複製

6.2 電子透かし方式

　画像,音声などのディジタルメディアに著作権情報などを埋め込み,表面的にはわからないが,ある処理によりその情報が取り出せるようにしたものを**電子透かし**(digital watermarking, fingerprinting)という。**図6.1**に電子透かし方式の一般形を示す。メディアに対し,透かしとして埋め込みたいメッセージがあり,透かし埋込み処理部で透かしが埋め込まれる。埋込みの方法は埋込み鍵によって制御される。電子透かしが埋め込まれたメディアは公開されたり配布されたりするが,その過程で画像処理を受けたり,改ざん(竄)されたり,透かし情報を取り除いたり,異なる透かしを埋め込むなどの種々の変形を受ける。これを電子透かしに対する**攻撃**と呼ぶ。電子透かし入りのメディアは透かし検出処理部で検出鍵の制御により埋め込んだメッセージが検出される。攻撃には各種の方式が考えられるので,標準的な画像処理を施す手法,例えばStirMark法などが定義されている。攻撃に対して,透かし情報が失われずに検出できる度合いを**耐性**という。

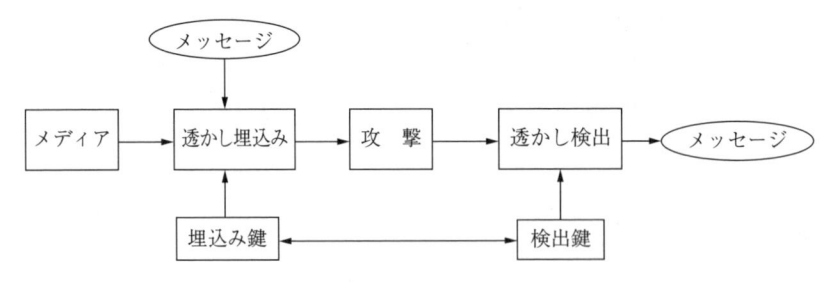

図6.1 電子透かし方式の一般形

　電子透かしの情報は,画像中に埋め込まれるという制約のなかで処理されるため,その耐性や埋込み量,運用の仕組みなどにも制限がある。応用面からは,大きく2種に分かれる。一つは,ディジタルメディアの販売に際した著作権のマークの埋込みで,配布する企業が,メディア全体に対して一種の透かし情報の埋込みを行うことと,購入者ごとに異なるマークを入れる購入者情報の埋込みなどの処理がある。これらの処理において,透かし情報の認証は,信頼できる配布する企業か第三者の公的機関が行う。もう一つは,個人などがディジタルメディアを配布する場合に透かしを埋め込むもので,認証は,第三者の公的機関に委託したり,検出処理のみを公開して,埋込み法を非公開にする手法がある。いずれの場合も画像単独で認証性を完全にもたせることが難しいため,他の手段を補完する機能や,改ざん・加

6.2 電子透かし方式

工などの検出に使用される。

電子透かし方式においては，透かしの埋込み方式や埋込み鍵を秘密にする。これらを公開すれば，どのような埋込みをしたかをたどることができ，埋め込んだ透かしを除去することが可能になる。検出方式と検出鍵も秘密にすることが一般的である。電子透かしをシステムとして見た場合，技術的な複雑さからは大きく3種に分類される。

① **情報隠蔽**(へい)（information hiding）：情報をメディアに埋め込み，埋め込んだ本人が抽出を行う（個人内）。

② **秘匿通信**(とく)（steganography）：通信したい情報をメディアに埋め込み，特定の相手に送信し，相手は，あらかじめ知った検出方式で，埋め込まれた情報を抽出する（1対1通信）。

③ **情報の認証**（authentication）：埋め込んだ情報が確かであることを第三者に対して主張できる認証システムを伴うもの（1対多，認証）。

実際に電子透かしが効力をもつのは，③の認証の機能を備えている必要がある。①と②は**閉鎖形**電子透かしシステムで，埋込みと検出のすべてを透かしの埋込み者が管理し，鍵も秘密にする。攻撃を除外することが可能なので，埋込みの機能を十分発揮できる。この閉鎖形は，透かしの埋込み者だけが透かしを検出できるので，第三者は著作権を認めることができない。③は**公開形**電子透かしシステムで，透かしの検出を第三者ができるようにするために，公開形のシステムとなっている。第三者が透かしを検出できるためには，公的機関に委託する手法と，検出処理のみを公開して，埋込み法を非公開にする手法がある。画像は公開するが，通常は認証をしない消極的な利用と，積極的に認証をするための応用がある。後者の機能を発揮するために十分な方式はまだ存在しない。一方，消極的な公開利用とは，通常は攻撃を受けていないと見なせる，個人が所有していた遺留品や，加工されずに保存されたと見なせるものなどが発見されたときなどの例がある。結局，意図的に攻撃をすれば，透かしは破壊または削除されるので，意図的な攻撃がない部分で有効になる。

図 **6.2** にアナログ証拠とディジタル耐性の分布を示す。図は各種の痕跡が証拠として使

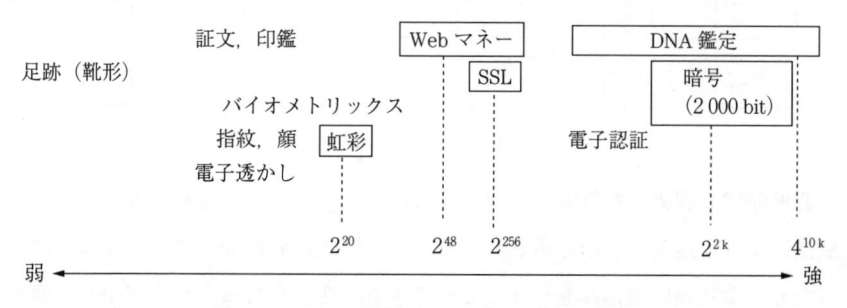

図 6.2 アナログ証拠とディジタル耐性の分布

用されている程度を示している．暗号化では現在 2 000 bit 程度への移行が開始しているが，一方，金額が有限と考えられる Web マネーなどは，48 bit 相当で運用されている．これらは，右側にいくほど精度が高く，強い認証性を有するとされている．これらが認証性を主張するとき，攻撃によって改ざんされていないという確認が必要となる．状況により攻撃の可能性は下がり，また，ほかの証拠と合わせることにより，確率的に明らかにまれなことがらとなって証拠らしくなっていく．電子透かしの証拠性は 0 ではなく，また右端でもない中間に位置している．想定する攻撃の程度が社会的に定着してくれば，位置付けが定まってくると考えられる．

画像の電子透かし技術の例

画像の電子透かし技術は，多数の方式があるが，透かしの埋込み位置により原画像に直接埋め込む場合と，何らかの変換を行った後，埋め込む方式とがある．

〔1〕**原画像に直接埋め込む方式**　原画像に直接埋込する方式では，透かし情報の量に応じて画質劣化が直接発生する．画質劣化への影響が少ないのは，LSB（least significant bit）であり，この LSB をある規則に従って変更する．各画素 8 bit で表現されている場合は，そのうちの 1 bit のみが変化するので，画質への影響は少ない．図 6.3 は LSB 埋込みの例である．原画像 G の画素値に対し LSB を調べる．LSB パターンは通常ランダムになっていると仮定する．その LSB パターンを市松模様に変更し，そのパターンに従って画素値を変更する．変更はパターンに合わないときに 1 を減じて合わせている．埋込みによる変化は 1/256 で視覚的にも小さく，通常は検知限未満である．一方，攻撃として LSB を一律に反転処理すれば，透かしは消滅してしまう．

埋込みを強化する工夫は可能だが，劣化もそれに伴い増大するため，直接の埋込みでは十分な性能を発揮できない．

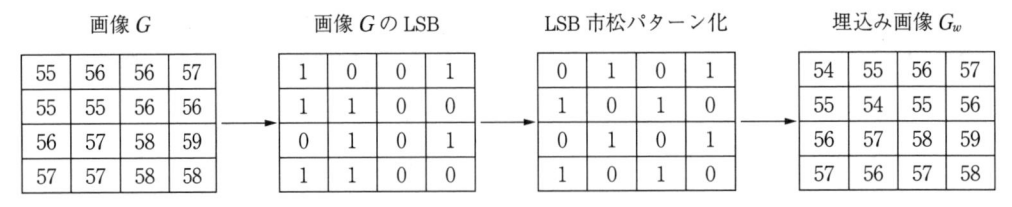

画像 G

55	56	56	57
55	55	56	56
56	57	58	59
57	57	58	58

画像 G の LSB

1	0	0	1
1	1	0	0
0	1	0	1
1	1	0	0

LSB 市松パターン化

0	1	0	1
1	0	1	0
0	1	0	1
1	0	1	0

埋込み画像 G_w

54	55	56	57
55	54	55	56
56	57	58	59
57	56	57	58

図 6.3　LSB 埋込みの例

〔2〕**変換領域で埋め込む方式**　画像に可逆な変換を施し，変換領域で埋め込む手法がある．変換により埋込み手法が隠蔽されることと，埋込みの影響を画面全体に分散させる効果があるため，より強い埋込みを行うことができる．変換を行った後，透かしを埋め込む方式では，フーリエ変換，DCT，ウェーブレット変換などの例がある．画像は低周波数成分が

多く高周波数成分が少ないので，低中周波数成分に透かしを埋め込むことにより，高周波数成分の画質劣化によるざらつきなどを防止することができる．周波数成分の透かし埋込みは，成分の値を偶数や奇数に限定したり，偶奇の位置関係，ゼロ係数の個数の偶奇，量子化幅制御などにより行う方式が多種ある．埋込みデータを暗号化したり，誤り訂正技術により，攻撃で欠落した一部のデータを復元する手法が組み込まれることも多い．**図6.4**にフーリエ変換領域での埋込み例を示す．画像データ G は通常 $0〜255$ の整数値であるが，フーリエ変換係数は小数形式の複素数であり，変換による乗算で変換後のデータは広い範囲の複素数 F に拡散している．図6.4では中心部が直流で周囲に行くほど周波数が高い．画像信号は低周波成分が多く高周波成分は少ない．そこで，右下の部分に示した低域から中域に透かし成分の埋込みを行う．透かしの埋込みは着目する各成分に対し，量子化を行い，量子化結果が偶数番目の量子化か奇数番目かで0または1を表すようにする．量子化は非線形処理であるが，量子化の前後で値が増減しているため，その変動を W とすれば，$F+W$ で表すことができる．これをフーリエ逆変換し，実数部を抽出し，整数化すれば画像 G_w に戻る．ここで，フーリエ変換は可逆であるが，途中で量子化，つまり W だけ変化しているため，全体は可逆ではない．具体的には，$0 \leq G_w \leq 255$ の範囲を超越し，負の値や256レベル以上の値になりうる．そこで，それらにリミッターをかけて $0 \leq G_w \leq 255$ の範囲に収めると，透かしの成分が変化してしまう．この対策として，あらかじめ画像信号の範囲を $a \leq G \leq 255-b$ の範囲に絞り込んでおくことが有効である．

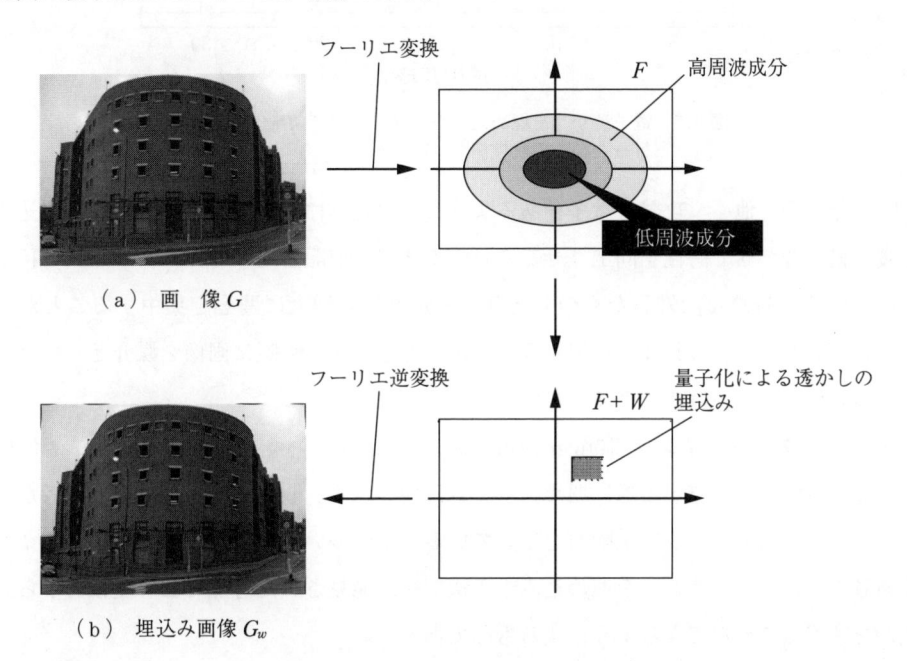

（a）画像 G

（b）埋込み画像 G_w

図6.4 フーリエ変換領域での埋込み例

〔3〕**埋込み量と耐性**　フーリエ変換領域での埋込みでは，全成分のうちある個数の成分にのみ埋込み（量子化）がなされる。逆変換により，これらの成分は全画素値に分散され，1画素当りの変化は小さくなり，画質への影響が小さくなる。埋込みによる変化は総変化量を誤差とするSN比で表される。図6.5に電子透かしを埋込んだ画像に対してJPEG圧縮を行った場合の耐性例を示す。画像サイズが256×256の場合は，圧縮率が1/15程度で検出率が0.5の限界に近づく。一方，画像サイズが506×506の場合，圧縮率が1/30でも検出が可能になっている。これは画像サイズが拡大すると，埋込み容量が増加し，同じ埋込みなら耐性が増加していることを示している。さらに動画では，1秒間で30倍，1時間で，約1万倍の容量になり，スプレッドスペクトラムに模した分散法やビタビ復号による信号回復を強化することができる。

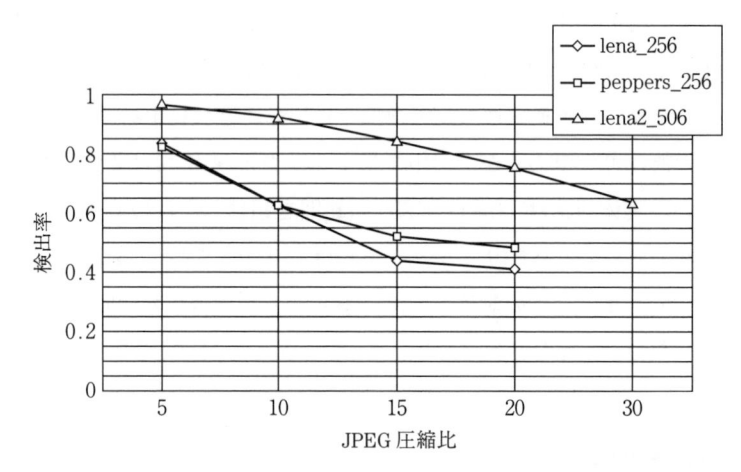

図6.5　電子透かしを埋め込んだ画像に対してJPEG圧縮を行った場合の耐性例[62]

〔4〕**そ　の　他**　攻撃には多種あるように，埋込みにも多種の方式がある。埋込み方法を複数組み合わせて耐性を向上させることができる。前記したステガノグラフィ（秘密通信）は攻撃をいったん除外したものであり，埋込み量の増大に関心を集中することができる。ステガノグラフィは具体的な埋込みと検出ができるが，実際に画像を媒介として2者が秘密通信を行う必要性はあまり多くない。

フィンガープリンティング（finger printing）は，指紋という意味の応用だが，著作権を維持しながら販売や配布する際に埋め込むときに使われる。販売や配布では，受領者がそのメディアをさらに配布する二次配布を禁じていることが多い。そのため，同一のメディアでも受領者ごとに異なる透かしを埋め込み，二次配布が発見された時点でどの受領者から流出したかを調べることができるようにするものである。

イーフォレンジックス（e-forensics）は，電子証拠ともいうべきもので，従来からのアナ

ログ的な証拠に対し，ディジタルメディアの証拠を考えるものである．あるディジタルカメラで撮影された画像は標準の JPEG 形式であっても，カメラメーカーごとに量子化特性が異なっていたり，CCD/CMOS などの受光素子の特性に特徴があり，画像から類推できることも多い[63]．

電子透かしに関する標準化に関しては，上記の閉鎖形電子透かしシステムは方式を非公開にし，おもに企業が著作権保護のために行うもので，秘密であるため標準化もされない．現在，標準化されるものとしては，コンテンツ id の埋込みによる音楽やソフトウェアの CD/DVD などの規格化がある．

6.3 画像情報倫理

画像情報倫理は情報倫理の枠組みの一部であるが，著作権，プライバシー保護，有害情報の排除の観点で検討できる．著作権では，映画，絵画などの有名な作品は著作権が公認できるので，コストをかけて保護の仕組みを追加していくことで対処できる．個人が撮影した写真などで著作権を主張したいものは，公的機関に登録する場合はコストがかかるので，安価な個人レベルの ID 登録や，電子透かし挿入などによる権利化などができる必要がある．プライバシー保護，有害情報の排除では，結果の取締まりという法的整備に加え，原因までさかのぼることのできるよう電子的履歴の保存を確立し，不特定多数に吸収されたり，原因がわからなくするようなシステムを禁止する必要がある．ディジタルシステムは本来すべての事実を時間的に遡及してたどり，何度でも再現することができるものであり，原因がわからなくなるのは，意図的に履歴を廃棄したために起こることである．

演 習 問 題

（1） 最新の著作権法について調査してみよ．
（2） 外国の著作権法について調べて，日本と比較してみよ．
（3） あるテレビ放送 5 分間を録画し，加工して二次利用するとき，そこにある著作権を書き出してみよ．

あ と が き

　画像のディジタル処理の研究は，今後も応用分野の広がりによりますます発展していくことが予想される．その理由は，ディジタルメディアは bit 当りのメモリなどの蓄積コストの低下，PC の CPU などの処理コスト，通信コストが，長期にわたり段階的に低下していくことにより，産業的にも応用範囲が拡大していくと考えられるからである．技術的には，基本的な新理論や新法則が頻繁に現れることは少ない．しかし，MPEG などの符号化アルゴリズムが近年つぎつぎと改良されてきたことを考えると，今後も，画像の認識技術，圧縮技術，合成技術などの研究開発は上記 bit 当りの諸コストの低下により，進展する傾向が続くと予想される．半導体技術の進展はムーアの法則として着実に進んできたが，すでに 2010 年には，20 nm（ナノメートル）のフラッシュメモリが生産され，このようなサイズのトランジスタや回路素子を製造するのに使用するプロセス，材料，デバイス構造に関する微細化の研究・開発が進んでいる．その先行きが懸念されはじめているが，一方，マルチコア化やカーボンナノチューブ，シリコンナノワイヤを使ったトランジスタや，新物質を使う化合物半導体などにより，2020 年ころまでムーアの法則を継続させるという願望的予想が発表されている．その計画が正しいとすれば，当面，ディジタルメディアに関する経済的進展に支えられ，研究の進展と新応用技術の開発が継続すると考えられる．

　マルチコア化に対応して，並列的な処理を行っていく必要がある．画像は画面分割など並列的に分解して高速化をやりやすい対象であり，すでに開始しているが，今後も効率向上が課題となる．ネットワークの価値は端末の 2 乗に比例するというメトカーフの法則に合わせ，トラフィックの増大が続き，動画の占める割合が大きくなっている．情報処理のなかで画像処理の占める割合も増加し，多くの人が画像処理技術を学ぶようになるであろう．

　半導体技術の進展が停止する時期にきた場合，画像情報処理技術の開発は，それ自体の改善の力のみが働くだけであるので，産業としての発展も弱まり，同じ技術環境のなかで，使いこなしの普及が進むと考えられる．

　本書を繰り返し学び，画像のディジタル処理の基礎事項を理解し，画像系の各種資格を取得するとともに，画像認識技術や 3 次元解析・CG 技術，画像圧縮に関する高能率符号化技術などの専門性の高い技術に関心をもち，それらを学び，研究する段階へ至ってほしい．画像認識技術では，ステレオカメラ，多眼カメラ，高速度カメラ，高感度カメラ，高解像度カメラなど入力技術の拡大に伴い，多面的な研究に発展している．CG 技術は，CPU，メモリ，

グラフィックボード，大画面・高解像ディスプレイの進歩により，現実の画像に近いものが合成可能になってきている。画像圧縮技術も画像の解析の進展に伴い，より複雑であるが，効率的な方式が開発され続けている。表示技術に関しては，大画面化，立体情報の表示，高ダイナミックレンジ化などが進行している。

　8×8画素程度の小ブロックでも 2^{64} 種類のパターンがある。現在，このパターンが調べ尽くされたとはいえない。応用分野ごとにそのごく一部が登録され，判定処理などに使用されているだけである。今後，何年後に 2^{64} 種類のパターンの意味解析と分類がなされるかは，一つには半導体メモリの容量の飛躍的な増加が必要であるが，ムーアの法則によれば，3年で4倍（2 bit）程度の増加では，64 bit まで到達するには，あと60年も先のことになる。それまでの間，新しい解析結果の知見が得られ続けることになるかもしれない。さらに大きい範囲まで観測したり，時間的に変動する動画像を考えれば，画像の種類の数は無限に近くあるといえる。

　画像データは bit 系列にすぎないが，そこに含まれる意味構造は無限に近い種類があり，その解析は，資源を探索するかのように，いろいろな形の研究として行われ続けていくであろう。

引用・参考文献

1) 長谷川伸：改訂画像工学，コロナ社（1991）
2) 赤木五郎：眼鏡学，メディカル葵出版（2001）
3) 渡邉郁緒，新美勝彦：イラスト眼科，第7版，文光堂（2003）
4) Wall, G. L.：The vertebrate eye and its adaptive radiation, Cranbrook Institute of Science, Bull. 19 Bloomfield Hills, Michigan（1942）
5) 福田　淳，佐藤宏道：脳と視覚—何をどう見るか，共立出版（2002）
6) Dowling, J. E. and Boycott, B. B.：Organization of the primate retina：electron microscopy. Proc. Royal Soc. Lond. Ser. B., Biol Sci 166, pp.80～111（1966）
7) Pirenne, M. H.：Vision and the eye, Chapman and Hall, London（1967）
8) 大田　登：色彩工学，第2版，東京電機大学出版局（1993）
9) Hecht, S.：Vision II：the nature of the photoreceptor process. In C. Murchison（Ed.），A handbook of general experimental psychology. Worchester, Massachusetts：Clark University Press（1934）
10) 内川惠二：色覚のメカニズム，朝倉書店，p.113，図6.13（1998）
11) van Nes, F. L. and Boumann, M. A.：Spatial modulation transfer in the human eye, J. Opt. Soc. Am. 57, pp.401～406（1967）
12) Kelly, D. H.：Visual responses to time-dependant stimuli. I. Amplitude sensitivity measuments, J. Opt. Soc. Am. 51, pp. 422～429（1961）
13) 後藤倬男，田中平八：錯視の科学ハンドブック，東京大学出版会（2005）
14) Methling et al：Vision Res., 8, pp. 555～565（1968）
15) 照明学会 編：照明ハンドブック，第2版，オーム社（2004）
16) 日本色彩学会 編：色彩科学ハンドブック（1980）
17) 竹村裕夫：CCDカメラ技術，ラジオ技術社（1986）
18) 高田信司：IEEE1394AV機器への応用，日刊工業新聞社（2000）
19) USBハード＆ソフト開発のすべて，TECH I, Vol. 8，CQ出版社（2001）
20) 日本規格協会：バーコードシンボル— EAN／UPC，基本仕様（JIS-X0507）（2004）
21) 木村英紀：Fourier-Laplace解析，岩波講座，応用数学（方法4），岩波書店（1993）
22) 鎌田一雄 著，辻井重男 監修：ディジタル信号処理の基礎，電子情報通信学会（1988）
23) L. マゼル 著，佐藤平八 訳：確率・統計・ランダム過程，森北出版（1980）
24) Kretzmer, E. R.：Statistcs of Television Signal, BSTJ 31, 4（1952）
25) テレビジョン学会 編，榎本　肇 著：画像の情報処理，コロナ社（1978）
26) 酒井善則，吉田俊之 著，原島　博 監修：映像情報符号化，ヒューマンコミュニケーション工学シリーズ，オーム社（2001）
27) 有本　卓：信号・画像のディジタル処理，産業図書（1980）
28) 宮川　洋，原島　博，今井秀樹：情報と符号の理論，岩波講座，情報科学，4（1983）

29) 尾崎　弘, 谷口慶治, 小川秀夫：画像処理—その基礎から応用まで, 共立出版（1983）
30) Kay, D. C. and Levine, J. R.：グラフィックファイルフォーマットハンドブック, アスキー（1995）
31) Miano, J.：Compressed Image File Formats, ACM Press SIGGRAPH Series（1999）
32) http://www.libpng.org/pub/png/spec/1.2/PNG-References.html
    http://www.libpng.org/pub/png/spec/1.2/PNG-Contents.html
33) 石井健一郎, 上田修功, 前田英作, 村瀬　洋：パターン認識, オーム社（1998）
34) 高木幹雄, 下田陽久：新編 画像解析ハンドブック, 東京大学出版会（2004）
35) 南　敏, 中村　納：画像工学, コロナ社（2000）
36) 大津展之, 栗田多喜男, 関田　巌：パターン認識, 理論と応用, 朝倉書店（1996）
37) 横井茂樹, 鳥脇純一郎, 福井晃夫：標本化された二値図形のトポロジカルな性質について, 電子情報通信学会論文誌, Vol. 56-D, No. 11, pp. 662〜669（1973）
38) Hilditch, C. J.：Linear Skeletons from Squre Cupboards, Machine Intelligence 4, edited by B. Meltzer et al, University Press, Edinburgh, pp. 403〜420（1969）
39) http://cgm.cs.mcgill.ca/~godfried/teaching/projects97/azar/skeleton.html
    （2010年4月23日現在）
40) Shannon, C. E.：A Mathematical Theory of Communication, Bell System Technical Journal, vol. 26, No. 3, pp. 379〜423（June 1948）, pp. 623〜659（Oct. 1948）
41) Kretzmer, E.R.：Statistics of Television Signals, Bell System Technical Journal, Vol.31, No.4, pp.751〜763（1952）
42) 尾上守夫 編：画像処理ハンドブック, 31章, 資料・規格, 昭晃堂（1987）
43) 小野文孝, 渡辺　裕：国際標準画像符号化の基礎技術, コロナ社（1998）
44) 伊東　晋：画像情報処理の基礎, 信号・情報理論と画像符号化, 東京理科大学出版会（1986）
45) Huang, J. J. and Schulthesiss, P. M.：Block quantization of correlated Gaussian random variables, IEEE Trans. Commun. Volume：COM-11, pp.289〜296（1963）
46) 有本　卓：現代情報理論, 電子情報通信学会（1978）
47) 有本　卓：確率・情報・エントロピー, 森北出版（1980）
48) アズウィ 著, 橋本晋之 訳：JPEG, 概念からC++での実装まで, ソフトバンクパブリッシング（2004）
49) Taubman, D. S. and Marcellin, M. W.：JPEG2000 Image Compression Fundamentals, Standards and Practice, Kluwer Academic Publishers（2002）
50) Charrier, M., Cruz, D. S. and Larsson, M.：JPEG2000, the Next Millennium Compression Standard for Still Images, IEEE ICMCS, Vol. 1, pp.131〜132（1999）
51) Christopoulos, C. Skodras, A. and Ebrahimi, T.：The JPEG2000 still image coding system：An overview, IEEE Trans. Consumer Electron., Vol. 46, pp.1103〜1127（2000）
52) ITU-T Recommendation H. 261：VIDEO CODEC FOR AUDIOVISUAL SERVICES AT p'64 kbit/s, 1990 revised in 1993
53) 高田　豊, 浅見　聡：デジタルテレビ技術入門, 米田出版（2001）
54) 小野定康, 村上篤道, 浅井光太郎：動画像の高能率符号-MPEG-4とH.264, オーム社（2005）
55) 映像情報メディア学会 編：映像情報メディア学会誌2004年5月号, p. 639（2004）
56) SMPTE Standard 314M-1999Television-Data Structure for DV-Based Audio, Data and

Compressed Video – 25 and 50 Mb/s
57) 中島平太郎,小川博司:図解コンパクトディスク読本,改訂3版,オーム社(1996)
58) 持木一明:DVD & デジタル放送のすべて,電波新聞社(2003)
59) 田島譲二:カラー画像複製論,カラーマネジメントの基礎,丸善(1996)
60) 中山信弘:マルチメディアと著作権,岩波新書426(1996)
61) 文化庁編:著作権テキスト(2010)
http://www.bunka.go.jp/chosakuken/text/index.html
http://www.bunka.go.jp/chosakuken/text/pdf/chosaku_text_100628.pdf
62) Ohzeki, K. and Gi, E.:Quasi-One-Way Function and Its Applications to Image, First International Symposium on Multimedia – Applications and Processing (MMAP), in International Multi-conference on Computer Science and Information Technology (IMCSIT), pp. 501～508 (2008)
63) Cohen, M. (Australian Federal Police):Advanced JPEG Carving, Proc. of the First International Conference on Forensic Applications and Techniques in Telecommunications, Information and Multimedia (e-forensics) B3_1 (2008)
64) 手塚慶一:ディジタル画像処理工学,日刊工業新聞社(1985)

索　　引

【あ】

アダマール変換　　95
アナログ-ディジタル変換　　3
アナログディジタル変換器　　41
アフィン変換　　77
網　点　　141
暗順応　　8
暗所視　　3

【い】

一眼レフ　　6
一様分布　　145
一様量子化器　　94
移動体　　124
色温度　　11
インターネット　　82
インターレース　　23, 24, 124, 139
イントラモード　　114
イントラ予測　　121
インパルス応答　　56

【う】

ウェーブレット変換　　108
動きベクトル　　112
動き補償予測　　111, 112
埋込み　　152

【え】

衛星放送　　123
液　晶　　137
液晶ディスプレイ　　138
エッジ抽出　　61
エッジ保存平滑化フィルタ　　54
エレメンタリストリーム　　119
演色性　　11
エントロピー　　31, 32

【お】

オイラー数　　64
音声副搬送波　　22

【か】

開　散　　8
改ざん　　152
回転変換　　78
外部光電効果　　18
可視光　　4

【き】

画質の評価　　144
カットオフ領域　　63
加法混色　　14
カメラ　　6
カラーバースト　　22
カラー副搬送波　　22
杆　体　　6
カンデラ　　3

【き】

危険率　　76
木探索　　113
輝　度　　4
客観評価　　144
共分散　　40
局所復号器　　94, 112
鋸歯状波関数　　35

【く】

矩形波関数　　35
櫛形フィルタ　　25
クラス間分散　　59
クラスタリング　　68
クラス内分散　　59
グループオブブロック　　111

【け】

蛍光灯　　12
結合エントロピー　　32
決定論的予測　　91
検　出　　152
減法混色　　14

【こ】

高圧ナトリウムランプ　　12
高域通過フィルタ　　63
光学的文字認識装置　　52
光起電効果　　18
攻　撃　　152
光　源　　12
虹　彩　　8
高精細テレビ　　124
合成積　　38
構造的統計量　　73
光　束　　4
光電効果　　18
光電変換　　18
光　度　　3

光導電効果　　18
高能率符号化　　82
交流（AC）　　100
国際照明委員会　　13
国際電信電話諮問委員会　　85
黒　体　　11
コサイン変換　　98
誤差拡散法　　143
個人情報保護法　　150
ゴースト障害　　123
5段階評価　　147
固定しきい値処理　　57
コピー制御信号　　125
コピーワンス　　125
固有値　　103
固有ベクトル　　102
孤立点　　53
コールラウシュの屈曲点　　8
混　色　　14
コンポジット信号　　26, 129
コンポーネント記録　　129
コンポーネント信号　　26

【さ】

細線化　　66
最大事後確率法　　77
彩　度　　13
最尤識別法　　77
錯　視　　11
雑音の除去　　53
撮像管　　18
サーバ形放送　　124
差分形オペレータ　　61
差分パルス符号化変調　　93
差分フィルタ　　56
算術符号化　　93
散　瞳　　8
サンプリング定理　　42
残留側波帯振幅変調方式　　24

【し】

シアン（C）　　14
紫外光　　4
しきい値処理　　57
色　相　　13
磁気テープ　　129
ジグザグスキャン　　106
シーケンシ　　96

事後確率	76	損失	76	【に】	
自己共分散関数	40	【た】		2次元 VLC	107
自己情報量	31	帯域圧縮	82	2重刺激法	147
自己相関関数	40	帯域制限	44	2値化処理	57
視差	8	耐性	152	【の】	
下色除去	141	タイル	108	ノイズ	145
視野	9	畳み込み積分	38	ノンインターレース	23, 139
周波数特性	10, 56	多地点接続装置	127	【は】	
主観評価	146	ダビングテン	125	白熱電球	12
縮瞳	8	【ち】		バーコード	28
主成分分析法	69	知覚色	13	パスモード	87
巡回形コンボリューション	39	蓄積	82	パターン認識	52
順次走査	124	地上波デジタル放送	123	ハフ変換	70
条件付きエントロピー	33	中央値	54	ハロゲンランプ	12
照度	4	直交周波数分割多重	124	判別分析法	59
情報隠蔽	153	直流（DC）	100	【ひ】	
情報の認証	153	著作権法	149	比視感度	4
情報量	31	著作物	151	ビットマップ形式	46
視力	9	著作物保護期間	150	秘匿通信	153
信号対雑音比	144	【つ】		標準サイズテレビ	124
心理的表示	13	通信	82	評定尺度法	147
心理物理的表示	13	【て】		標本化	41
【す】		低域通過フィルタ	63	標本化定理	42
水銀灯	12	ディザ処理	142	ピング形式	47
水晶体	6, 7	ディジタル信号処理	34	【ふ】	
錐体	6	ディジタルビデオテープレコーダ	129	ファイル転送プロトコル	127
垂直帰線期間	22, 139	ディジタルフィルタ	56	ファクシミリ	84
垂直同期信号	22	適応可変調符号化	121	フィールド	24
垂直モード	87	適応的 DPCM 方式	95	フィンガープリンティング	156
水平同期信号	22	適応テンプレート	92	複合信号	97
水平モード	88	テクスチャ	73	輻輳	8
ステラジアン	4	デルタ変調	93	複素フーリエ変換	36, 102
ストリーミング	127	テレビ会議	125	プライバシー	150
スーパーブロック	131	電荷結合素子	19	ブラウン管	137
スミア	21	典型的予測	90	プラズマ	137
【せ】		電子透かし	152	プラズマディスプレイパネル	
静止画像	45	電磁波	3		138
正射影	80	【と】		フーリエ級数展開	34
整数演算	121	瞳孔	8	フーリエ変換	34
整数精度 DCT	122	同次座標	79	ブルーレイディスク	133
赤外線	4	同時生起行列	74	プレヴィットフィルタ	62
全固体撮像素子	19	透視投影	80	フレーム	23
尖度	73	同次変換	77	フレーム間差分	112
【そ】		等色	14	プログレッシブ	124, 139
相関係数	40	動体視力	10	ブロックノイズ	114
相互情報量	33	特異値展開	69	【へ】	
双方向性予測	115	飛び越し走査	24, 124, 139	平滑化	53
双方向の操作	124	トランスポートストリーム	119	平均情報量	32
相補形金属酸化膜半導体	20				
ゾーナルサンプリング	97				
ソーベルフィルタ	62				

平均2乗誤差	103, 144	メタデータ	124	立体角	4
平行投影	80	メタルハライドランプ	12	立体視	8
ベイズ決定法	76	面積階調表現	141	領域分割	67
ベイズの公式	75			両眼視機能	8
偏向板	138	【も】		量子化	41
		盲点	6	量子化器	94
【ほ】		網膜	6	量子化誤差	145
放送	82	モデルテンプレート	92		
ポータブルピクセルマップ形式		モード法	58	【る】	
	45	モワレ	142	ルクス	4
ボルノイ領域	69			ループフィルタ	111, 114, 122
		【ゆ】		ルーメン	4
【ま】		有害情報	150		
マクロブロック	111, 131	融像	8	【れ】	
マゼンタ（M）	14	尤度比	77	レート歪み理論	104
マルチキャスト	128			連結数	65
マンセル表色系	13	【よ】		連結性	64
		抑制	8		
【み】				【ろ】	
ミッドトレッド	94	【ら】		ロバーツフィルタ	62
ミッドライザ	94	ラプラシアンフィルタ	57, 62		
		ランドルド環	9	【わ】	
【め】		ランレングス符号化	85	歪度	73
明順応	8				
明所視	3	【り】			
明度	13	離散コサイン変換	98		
メジアンフィルタ	54	離散複素フーリエ変換	38		

		DV圧縮方式	131	Iピクチャ	116
【A】		DV端子	27		
A-D変換器	41			【J】	
		【E】		JANコード	29
【B】		EBU法	147	JBIG方式	89
bmp	45	ELディスプレイ	139	JPEG2000	108
Bピクチャ	115	EOB符号	107	JPEG方式	105
		EOL符号	85	jpg	45
【C】					
CABAC	121	【G】		【K】	
CAVLC	121	gif	45	KL展開	69
CCD	19	GOB	111	KL変換	102
CCITT	85	GOP	118	K-平均法クラスタリング	68
CD	132				
CIF	110	【H】		【L】	
CMOS	20	H.261	110	Lab色空間	13
CRT	137	H.264方式	120	LBGアルゴリズム	69
CRTディスプレイ	137	HDTV	124		
		Hilditchの細線化アルゴリズム		【M】	
【D】			66	MH符号化方式	85
D1フォーマット	26			MMR符号化方式	89
D2フォーマット	26	【I】		MPEG-1	115
dB（デシベル）	144	IDCTミスマッチ	114	MPEG-2	116
DCT	98	IEEE 1394	27	MPEG-4 Part10 AVC	120
DVD	133	iLINK端子	27	MR符号化方式	87

mse 103

【N】
NTSC 16, 22, 139
Nyquistの定理 42

【O】
OCR 52
OFDM 124

【P】
PAL 23, 139
png 45
ppm 45
PRES方式 89
P-タイル法 58
Pピクチャ 116

【Q】
QCIF 110
QRコード 30

【R】
Rec. 601 26

【S】
SDTV 124
SECAM 23, 139
sinc関数 44
SNR 144
SN比 144
SVD 69
S映像端子 27

【U】
UPCコード 29
USBインタフェース 28

【X】
XYZ表色系 14
X 線 4

【Y】
YC分離 25
YIQ 17
YMC 140
YUV 16

【数字】
1080i 139
720p 140

──著者略歴──

1974 年　早稲田大学理工学部数学科卒業
1974 年　東京芝浦電気株式会社（現　株式会社東芝）勤務
1999 年　博士（工学）（東京工業大学）
1999 年　芝浦工業大学教授
　　　　 現在に至る

入門 画像工学
An Introduction to Image Engineering　　　　　Ⓒ Kazuo Ozeki　2010

2010 年 11 月 18 日　初版第 1 刷発行　　　　　　　　　　　★
2016 年 1 月 15 日　初版第 2 刷発行

検印省略	著　者	大　関　和　夫
	発行者	株式会社　コロナ社
	代表者	牛　来　真　也
	印刷所	萩原印刷株式会社

112-0011　東京都文京区千石 4-46-10

発行所　株式会社　コロナ社
CORONA PUBLISHING CO., LTD.
Tokyo Japan

振替 00140-8-14844・電話 (03) 3941-3131 (代)

ホームページ　http://www.coronasha.co.jp

ISBN 978-4-339-00816-6　　（新宅）　　（製本：牧製本印刷）
Printed in Japan

本書のコピー，スキャン，デジタル化等の無断複製・転載は著作権法上での例外を除き禁じられております。購入者以外の第三者による本書の電子データ化及び電子書籍化は，いかなる場合も認めておりません。

落丁・乱丁本はお取替えいたします

映像情報メディア基幹技術シリーズ

(各巻A5判)

■映像情報メディア学会編

			頁	本体
1. 音声情報処理	春日田 正男 船田 哲伸男 林 武一二 　 　哉	共著	256	3500円
2. ディジタル映像ネットワーク	羽鳥 好律 片山 頼明	編著	238	3300円
3. 画像LSIシステム設計技術	榎本 忠儀	編著	332	4500円
4. 放送システム	山田 宰	編著	326	4400円
5. 三次元画像工学	佐々木 誠 藤本 甲癸 橋本 直己 高野 邦彦	共著	222	3200円
6. 情報ストレージ技術	沼澤 潤二 梅本 益雄 奥田 治優 喜川 連	共著	216	3200円
7. 画像情報符号化	貴家 仁志 吉田 俊彦 鈴木 輝彦 広木 敏	編著 共著	256	3500円
8. 画像と視覚情報科学	三橋 哲雄 畑田 豊彦 矢野 澄男	共著	318	5000円
9. CMOSイメージセンサ	相澤 清晴 浜本 隆之	編著	282	4600円

高度映像技術シリーズ

(各巻A5判)

■編集委員長　安田靖彦
■編集委員　岸本登美夫・小宮一三・羽鳥好律

			頁	本体
1. 国際標準画像符号化の基礎技術	小野 文孝 渡辺 裕	共著	358	5000円
2. ディジタル放送の 　　技術とサービス	山田 宰	編著	310	4200円

以下続刊

高度映像の入出力技術	小宮・廣橋 上平・山口共著	高度映像の生成・処理技術	佐藤・高橋・安生共著
高度映像の ヒューマンインターフェース	安西・小川・中内共著	高度映像とネットワーク技術	島村・小寺・中野共著
高度映像とメディア技術	岸本登美夫他共著	高度映像と電子編集技術	小町　祐史著
次世代の映像符号化技術	金子・太田共著	次世代映像技術とその応用	

定価は本体価格+税です。
定価は変更されることがありますのでご了承下さい。

図書目録進呈◆